VERDE
BRILLANTE

Sensibilità e intelligenza
del mondo vegetale
by
STEFANO
MANCUSO
&
ALESSANDRA
VIOLA

植物比你想的更聰明｜植物智能的探索之旅

英國衛報、BBC 推薦・植物神經生物學研究創始者
司特凡諾・曼庫索
科學記者
阿歷珊德拉・維歐拉 合著
謝孟宗 譯

【專文推薦】

植物，也許正竊笑著

葉綠舒

多年前，在家中的院子裡種下一株炮杖花（Pyrostegia venusta），天真的我，以為它會乖乖地長在我希望它長的地方，「不會亂長」。於是，從此就展開了和它（他？）之間的永恆的對抗。

嗯，「亂長」是我想的，從它的角度看來，它不過是想要找個陽光充足的地方而已。不到一年的時間，它已經從不及三尺長到二樓，接著它繼續往三樓生長，最後爬滿外牆。

很美嗎？美！但是颱風一來，整堆整堆的藤蔓不敵風之神威，通通都躺在院子裡，還有一部分入侵到鄰居的院子。當然要整理囉！鄰居抱怨、我看著這一堆也難過，拿出工具一陣狂砍亂剪，自以為它已然絕跡，卻沒想到，它在短短數個月內捲土重來，幾乎奪回了它所有的領土。

從此，每年我都要跟它展開領土的拉鋸戰；很慚愧地說，每年的領土拉鋸戰，都是人類獲取短暫的勝利，植物獲取長久領先的地位。這樣也並非沒有好處，至少對於初次來到那一帶的路人來說，總會以為我家是空屋一棟。

植物的神奇，就在這裡。但是，不能沒有植物的人們，也因為植物這些神奇的特性，對植物有許多偏見。刻意地忽視植物、不把植物當作生物之一：瞧瞧宗教裡，所謂的「不殺生」竟然是吃植物不吃動物！好像植物就沒有生命一樣。

植物怎麼會沒有生命呢？就如本書中說的，植物會的本事可多了！植物除了無眼而能見、無手而能抓以外，總共具備了將近二十種感覺機能，這可不是遲鈍如人可以望其項背的。不過，我們刻意地忽視植物的這些能力，率爾將它們判為無生物——植物必然在竊笑著吧。

就更不要提到，我們雖不能離開植物而生存，但對於植物相關的研究，卻總是刻意忽視。記得我在沙克研究所任職時，我的師父提到：當初為了證明光敏素（phytochrome）也是蛋白質激酶之一，竟然需要附和所謂的「主流標準」：要把光敏素的蛋白質激酶區域給單獨切下、表現，以試管試驗證明光敏素即使只有蛋白質激酶區域，也可以具有蛋白質激酶的活性。而這所謂的「主流標準」，就是進行動物蛋白質激酶研究的人所定下的標準。在這本書裡面，還有更多活生生的例子告訴我們，人類是如何自大地忽視植物、不關心植物。

身為一位「植物人」，我要鄭重地告訴大家：要關心植物、了解植物，就從現在開始、從這本書開始！作者不但是植物神經生物學的創始者，學識更是極為豐富，信手拈來都是極佳的例子，閱讀這本書實在是一種享受。唯一的遺憾是篇幅太小，不過有豐富的補充資料可供閱讀，總算不會太令人抱憾。因此，真心建議讀者，一定要去找後面的補充資料來看看！

（本文作者爲慈濟大學通識教育中心助理教授）

【推薦序】

植物的拿手好戲

鄭國威

在很多漫畫中，控制植物這種能力是很多角色的特異功能。例如在經典日漫《幽遊白書》裡頭的主角之一藏馬，就能夠控制魔界的植物。類似的案例不勝枚舉，但共同點是這些角色控制之下的植物，其速度（包括移動的速度跟生長的速度）都非常的快，才能夠做為武器或是防禦。有時候，這些角色，也會利用植物的其他特色，例如毒性、香味，還有顏色為武器。而在這些情節當中，通常也會有一個共通點，那就是他的敵人對於這樣子能夠不斷生長、不怕疼痛的武器和攻擊方式很苦惱。

在許多的科幻小說中，也會描述當植物擁有意識、打算毀滅人類的時候，會發生什麼樣的事。不少故事則針對外星植物侵略來描繪人類反應，但基本上大同小異，都是希望我們用另一個角度來想像：要是植物並不是那麼沉默，一動也不動的存在，那會怎樣顛覆人類的世界？

雖然這些只是漫畫跟幻想當中的情節，但是也傳達出人類對植物的視角的確很偏狹，而這正是本書想要矯正的。與其想像某種不論來自魔界、邪惡科學家還是外星球的植物會統治世界，比較大的問題反而是我們什麼時候有了植物沒有統治世界的錯覺。其實相較於動物，統治世界的本來就是植物，地球上可以沒有動物，但是動物卻絕對少不了植物。從植物的角度來看，動物不過就只是氮的來源或是負責自願傳播植物生命的載體。植物跟動物看似極不相同，也因此身為動物的我們無法對植物產生同理心，但植物的確以截然不同的方式去看、聽、嗅、感覺、移動、競爭、繁衍……各種本領簡直是超能力。

但這樣就代表植物有智慧嗎？植物沒有大腦，無法進行複雜的心智活動，不懂得如何創作跟毀滅，怎麼比得上人類？暫且不提人類自我毀滅的傾向算不算智慧，我們也該思考為何智慧的定義如此狹隘。

作者先從文學史冊中爬梳植物過往長期被忽視，或是被視為非生物的地位，並指出這些過去的論述如何堆疊成為如今絕大多數人對植物的陌生，以及我們為何欠缺了解跟探討植物智能的意願。而作者將網路分散式運算的概念與植物類比對照，極為精確且發人深省。當今人工智慧的顯學是創造跟人類，或說是與動物相似的智慧機械，但若換個角度想，其實植物的生存方式或許更適合仿效，例如目前各種物聯網產品跟自動科技，如偵測環境變化、危機示警、跨界溝通，網絡佈局，其實都更接近於植物的拿手好戲。

如同作者強調的，許多最關鍵的科學突破都隱藏在我們對植物的不了解背後，我們看待植物的方式需要一場典範轉移，而本書是絕佳的起點。看完本書，或許你會跟我一樣覺得「當個植物人」是一個非常值得追求的目標。

（本文作者為 PanSci 泛科學共同創辦人暨知識長）

目錄

導論

植物有無智能？能否解決問題，並和周遭同類、昆蟲、高等動物交流？又或者純屬被動、無感，毫無個體行為與社群行為？

這樣的提問，答案言人人殊。可以回溯到古希臘，那時，各派哲學家針鋒相對，有的主張植物有「靈魂」，有的不這麼認為。是什麼因素驅使他們如此推論？而最重要的是，歷經好幾世紀的科學發現，學界為何仍對植物有無智能這點難有共識？說來教人意外，今日科學家提出的許多論點和好幾百年前一模一樣，其所仰賴的並非科學，而是數千年來的個人情懷與文化成見。

儘管隨便觀察一下可能會覺得植物天地並不複雜，幾世紀以來還是時不時會有人提倡植物能感能知、可與外界溝通、具備群體生活、會用簡練策略化解疑難——一言以蔽之，植物**有智能**。從德謨克利特（Democritus）到柏拉圖（Plato），從林奈（Carl Linnaeus）到達爾文（Charles Darwin），從費希納（Gustav Theodor Fechner）到博斯（Jagadish Chandra Bose），僅舉最知名的例子就可看出，在不同年代和文化脈絡裡，都有哲學家或科學家相信，植物的能力比一般觀察到的還要複雜。

不過，一直到二十世紀中期，這一派人士所憑藉的僅止於優異直覺。但過去五十年來的科學成果終於闡明了這項課題，也使人不得不對植物界刮目相看。本書第一章將說明此點。而我們會看到，就算在今天，否定植物有智能的論調所依憑的，與其說是科學數據，不如說是持續千年的文化偏見與影響。

現在，似乎是時候改變對植物的想法了。有了幾十年的實驗打下基礎，科學家慢慢認為植物能夠運算與選擇、學習與記憶。幾年前，在一片不怎麼理性的論戰中，瑞士成了全球頭一個以特別宣言申明植物權利的國家。

然而，認真來說，植物到底是什麼？又是如何演變至當下狀態的？人類自從在地球現身以來就和植物共存，卻談不上理解植物。這不只涉及科學或文化，還有著更深的根源。人類與植物的關係這般艱難，是因為兩者的演化路徑極為不同。

人類與其他所有動物一樣，與生俱來的器官樣樣獨樹一格。是故，每個人都不可分割。但植物是固著性生物（sessile），無法由一地移動至另一地，是以演化歷程並不相同，建構了沒有獨特器官的模組化（modular）株體。發展出這種「解決之道」的理由很明顯：假如讓草食性掠食者奪走無可取代的器官，植物就會因而沒命。

這項與動物的基本差別至今仍是一大阻礙，使人無法理解與認可植物具有智能。本書第二章將解釋此區別是如何產生的。我們除了會曉得每種植物如何能撐過大規模掠食，還將領略動植物的區隔到頭來就是植物可以切割：植物內部含有許多「控制中心」以及和網路不無相似之處的網絡組織。

了解植物是日趨重要的事。人能存在於地球，便是植物的功勞（行光合作用產生氧氣，使動物得以生存）。而如今人的存續依舊有賴於在食物鏈底層的植物。此外，植物還是能源（石化燃料）出處，維繫了好幾千年的人類文明。因此，植物是珍貴的「原料」，乃人類食物、醫藥、能量、器械所不可或缺，也越來越受科技進展倚重。

在第三章，我們會見到植物具備人類的五感：視覺、聽覺、觸覺、味覺、嗅覺。固然每一種官能都依植物的特性發展，卻是真實存在。那麼，由這角度能說植物和人很相似嗎？答案是「一點也不能」：植物遠比人敏銳，在五感之外，至少還有十五種感覺機能。例如，能感受並計算地心引力、電磁場、濕度，還能分析眾多化學梯度（chemical gradients）。

話說回來，植物的交際往來之道也許和人比較接近，即便這麼說並不符合人的一般印象。第四章將檢視植物怎麼應用感知來適應周遭世界，與同類、昆蟲、動物互動，並以化學分子相互溝通、交換訊息。植物會彼此交談，還會辨識親族，展現種種特質。和動物界一樣，植物界中有的投機取巧，有的慷慨大方，有的誠實磊落，有的擅使手段，對其有利者則賞，對其有害者則罰。

既然如此，怎可否認植物身具智能？說到底，麻煩在於文字障，一切全看「智能」的定義為何。在第五章，我們會明白，不妨將智能詮釋成「化解疑難的能力」。而按此定義，植物不僅有智能，還十分擅長化消與生存有關的難題。首先，植物縱然缺乏人類這樣的大腦，卻能自我調適，因應外界壓力，還能「意識」到自身本質與周圍環境（儘管這裡用上「意識」一詞可能有點怪）。

一開始，正是達爾文率先依據紮實、可以計量的科學資料，指出植物遠比人所料想的還要高等。今日，在近一個半世紀後，大量研究顯示高階植物確實具有智能，教人不得不信。這些植物能接收並處理環境訊息，然後設法調節，以求生存。此外還流露了某種「群體智慧」（swarm intelligence），不至於各行其道，而是團體應對。同樣的行為也可見於蟻群、魚群和鳥群。

整體來說，植物少了人也能活得很好。但少了植物，人很快就會滅絕。然而，在包括英語在內的許多語言裡，「當個植物人」（to be a vegetable）或者「如植物一般過日子」（to vegetate）等說法卻用來指涉縮減至無可再減的生活狀態。

「是對誰而言如植物一般呢？」要是植物能說話，或許會先向人類提出這類疑問吧。

第一章

問題根源

就連現存昆蟲中構造極爲「簡單」的果蠅都享有當之無愧的休憩時間。那麼，爲什麼植物就不會入眠呢？也許，唯一說得通的解釋是，這一概念和人對植物界的見解鑿枘不入。

太初有「草」，植物細胞一團混亂。而後上帝創造動物，最終造出了萬物之靈：人類。《聖經》也好，其他許多談論宇宙演化的學說也好，都視人類為上帝聖工（the divine work）的至高成果，乃天命所歸。人類在造物的過程接近尾聲時現身，而萬物翹首等候，個個準備好要聽從這「上帝所造之物的主宰」，受其統治。

按《聖經》記載，聖工耗時七日。植物造於第三日，而一切生物中最為放肆的人類到了第六日終於降世。這一順序和現代科學發現相仿。就科學家所知，能行光合作用的細胞最早是在二十五億多年前出現於地球，而所謂「現代人」（modern man，亦即智人〔homo sapiens〕）最早則是到了二十萬年前才出現（就演化時程而言，不過是幾秒鐘前）。但是，縱然最晚出現，人類猶自覺得天獨厚，即便已遭演化課題的現有知識大幅限縮地位，從「宇宙之主」降格為「新來後到」的地球居民。這種「後來者」的相對身分無法提供人類高於其餘物種一事任何**先驗**（a priori）論證，雖說我們身受文化制約，仍相信萬物以人為尊。

幾百年來，無數哲學家與科學家都主張過植物有「腦」或「靈魂」，而就算結構最簡單的植物有機體都有感知，能回應外界壓力。從德謨克利特到柏拉圖，從費希納到達爾文——這還只是略舉幾例——古往今來不少極其聰慧的大才都倡導植物具備智能。有的認為植物有感覺，其他的把植物想像成頭埋在土裡的人類：這些生物靈敏有感，身負智識及所有人類機能，除了那些……受自身古怪姿勢阻礙的不算。

很多大思想家都論述過植物的智能，並加以佐證。然則，長存於各地文化，而且流露於人類日常舉措的信念，卻是植物的智能和演化程度比不上無脊椎動物，在「進化量表」（an "evolutionary scale"）上也不比無生命之物高等到哪兒去（「進化量表」這個概念於事實無據，卻深植人心）。無論有多少人以實驗與科學發現為憑，出聲擁護植物智能論，總有更多的人反對這項假說，人數多得數不清。彷彿宗教、文學、哲學，甚至現代科學彼此形成默契，在西方文化中宣揚植物比別的物種還低等（此刻暫且不談「智能」）。

植物與宏大的一神教

「凡有血肉的活物，每樣兩個，一公一母，你要帶進方舟，好在你那裡保全生命。飛鳥各從其類，牲畜各從其類，地上的昆蟲各從其類，每樣兩個，要到你那裡，好保全生命。」[1]如《舊約》章節所示，上帝告訴挪亞該拯救哪些生物免受普世洪水滅頂，使生命能在地球存續。挪亞依照指示，在上帝降下洪水前，將飛鳥、牲畜，和其他各種動物帶上方舟：「潔淨」和「不潔淨」的生物，一對一對，好確保每一物種的繁衍。

那麼植物呢？一個字都沒提。經文不僅將植物界視為不如動物界，還對前者視而不見。植物得聽天由命，也許不是遭洪水毀滅，就是隨其餘無生命之物殘存下來。植物如此無關緊要，一點值得關注的理由也沒有。

然而，前引章節內含的矛盾馬上就清楚可見。我們繼續往下讀，第一個矛盾就會變得很明顯。大雨停了幾天後，方舟逐漸靠向陸地。挪亞派出一隻鴿子去查探並回報情況，是不是有哪裡的土地乾了？附近有沒有高於水面的地方？這些地方能不能住人？鴿子叼回一枝橄欖枝，顯示有些土地重新浮出水面，生物又能在這上頭活下去了。挪亞從而明白（就算沒明說），沒有植物，地球上就不會有生命。

他很快就證實了鴿子帶回的訊息。又過沒多久，方舟停靠在亞拉臘山上。挪亞這大家長下了船，放出動物，還向上帝獻祭致謝。而在完成使命後，他接下來做了什麼事呢？答案是，他栽種了一座葡萄園。可是，故事沒在別處提到葡萄，最初種下的葡萄種子又是哪裡來的？想來，挪亞察覺到葡萄種子大有用處，便在上帝降下洪水前帶上船，卻沒意識到葡萄也是生物。

就這樣，在讀者幾乎不知不覺間，《聖經》故事透露出植物並非生物的觀念。固然在〈創世記〉裡，橄欖樹與葡萄藤這兩種植物與「再生」及「生命」的重要性連繫在一起，但普遍而論，植物界的活力並未獲得認可。

1 譯按：《聖經》〈創世記〉第六章第十九至二十節，章節畫分及譯文依「中文和合本」。

基督教、伊斯蘭教、猶太教等亞伯拉罕三教（Abrahamic religions）都隱隱不把植物視為生物，而實質畫歸為無生命的物體。例如，伊斯蘭藝術為了顧及不可描繪阿拉或任何生物的禁令，便熱中於呈現植物與花朵，從而開展出特有花紋風格。就算未坦率言明，這種做法顯示了伊斯蘭教信徒相信植物並非生物，否則描摹植物理該嚴禁。其實，《可蘭經》並無明文禁止描畫動物。這道禁令是「聖訓」（the *hadith*）傳下來的。聖訓記載了先知穆罕默德（Mohammad）言行，是詮解伊斯蘭律法的基礎，而禁令的依據是萬物來自阿拉（伊斯蘭教並無「上帝」〔God〕之稱），萬物即是阿拉——此中所指顯然不包括植物。

人類與植物的關係是徹徹底底地矛盾。舉例來說，奠基於《舊約聖經》的猶太教並不允許教眾無端摧毀樹木，而且還慶祝樹木新年（the new years of trees, Tu Bishvat）。矛盾之處在於，人類一方面切身體會到少了植物便無法生存，另一方面卻又不願承認植物在地球上所扮演的角色。

誠然，並非所有信仰體系都和植物界維持這樣的關係。美國原住民和其他原生民族就認定植物的神聖不可侵犯無從否認。可是，若說某些信仰尊奉植物（或者說，一部分植物），別的信仰卻走到痛恨，甚至妖魔化植物的地步。比如說，在宗教審判（the Inquisition）的年代，人們認為遭控施行巫術的女性在藥劑裡用了大蒜、香芹和茴香，便把這些植物和女巫一同受審！即便在今天，植物若有改變人類感知的功效，就會遭逢另一套待遇，有的全然遭禁（人要怎麼取締植物？話說回來，人能取締動物嗎？），有的受到管制，還有的則成了聖物，由巫師於部落儀式使用。

作家與哲學家筆下的植物界

人類對植物又愛又恨，又是尊崇又是忽視，而植物也成了人類生活一景，進而融入藝術、民俗、文學。在各自的作品裡，藝術家與作家馳騁想像，協助構築出世界的圖景。而文藝創作告訴了我們什麼樣的人與植物關係呢？縱然確實有重大例外，作家一般將植物描寫成靜態、沒有生命的鄉野景象，如丘陵或山脈那樣缺乏主動作為。以笛福（Daniel Defoe）《魯賓遜漂流記》（*Robinson Crusoe,*

1719）的描述為例，植物歸屬於地景，但從頭到尾不算是生物。在前一百頁，整體情節基本上是魯賓遜在荒島搜尋其他生物，卻對周遭實實在在、生氣勃勃的植物視若無睹。而在晚近阿摩司．奧茲（Amos Oz）的《忽然深入叢林中》（*Suddenly in the Depths of the Forest*, 2005），一座小村落承受詛咒，除人類外別無生機……可矛盾的是，該村落偏偏被森林的植物徹底圍繞。

如前所見，哲學領域裡，對植物本質的探究引起了數百年來哲學巨擘的熱烈爭論。在基督降生前，植物有無生命（或者按當時人的說法，有無「靈魂」），於好幾世紀聚訟不休。在希臘這個西方哲學發祥地，此議題的正反兩派長久並存。來自史塔吉拉的亞里斯多德（Aristotle, 384/383-322 BCE）認為，植物界距無生命之境界為近，離有生命之境界為遠。以生於亞不德拉的德謨克利特（460-360 BCE）為首的一派，則相當看重植物，乃至於將植物與人類相比。

亞里斯多德依據「靈魂存否」來分類生物，並不認為這項觀念和靈性有關係。想了解此點，有必要探本溯源，審視何謂「有生命」（即使到了今天，所謂「有生命」，指的依然是「能夠移動」）。亞里斯多德在《論靈魂》（*On the*

Soul）一書寫道：「人們將『行動』與『感知』視為凌駕餘者的兩項特質標記，能用來區隔有靈魂之物與無靈魂之物。」他以此定義為基礎，再輔以其時可行的觀察，起初認定植物「並無生命」。然而，他非得重新考慮不可。畢竟，植物有繁殖能力！這麼一來，人又怎能主張一草一木是無生命之物？亞里斯多德接著走另一條路來解決疑難。他承認植物有專屬的低等靈魂，而此靈魂的實際作用僅限於繁衍。結論是，人類就算看在繁殖能力的份上，不把草木等同於無生命之物，也不該認為兩者有太大分別。

亞里斯多德的想法影響了西方文化好幾世紀。特別是植物學這類領域，幾乎到了啟蒙運動興起才擺脫其人思想左右。這就難怪哲學家長期把一草一木當成「動也不動」，不值得多加探究。

然而，古往今來，仍有哲學家向植物界致以無上敬意。例如，比亞里斯多德早了近一百年的德謨克利特，對植物的描述便截然有別。他的哲學思想奠基於原子力學：每樣物體，縱然看上去毫無動靜，依舊是由持續運動、互不接觸的原子組成。根據這套對現實世界的設想，萬物皆在流轉，而就算是植物，在原子的層次也是如此。德謨克利特甚至將植物比擬成人類頭埋土裡、腳懸空中——這一意象在之後數世紀常常再度被提及。

古希臘亞里斯多德和德謨克利特兩派的構想就這樣時常引發人心中不自覺的矛盾，把植物同時當成無生命的物體和有智能的生物。

植物學之父：林奈及達爾文

卡爾・尼爾森・林奈（Carl Nilsson Linnaeus, 1707-1778，通常稱作卡爾・林奈）身兼醫師、探險家、博物學者，分類一切花草樹木是他龐雜興趣之一，人們也因此常說他是「大分類家」（the great classifier）。但這個稱號不夠周全，畢竟他一生除了分類植物有成，還有通透的研究。

林奈對植物界的看法，差不多從一開始就很有個人風格。他先是辨別出「生殖器官」，再以此「性系統」（sexual system）做為分類的主要準則。說來古怪，這項決斷帶來相互牴觸的後果。他一方面獲得生涯頭一個大學教席，另一方面卻被譴責為「不道德」。（那時的人知道植物有雌雄之分。可要由這一點著手分類，太駭人聽聞了。）接下來，林奈提出另一項創新理論：植物……會睡眠。這番主張，出人意料地果斷，也出人意料地簡單。而此次遭受的批評之所以較少，純屬偶然。

林奈一七五五年出版論著《植物之眠》（*Somnus Plantarum*〔*The Sleep of Plants*〕）。光從書名就可看出，他並未如當時的科學家那般小心行事，以保護理論免受抨擊。其實，依據當時的科學知識和自身對葉片、枝椏夜間姿態的觀察，林奈要斷言植物會睡眠，相對而言並不困難。可是，學界還得到好幾世紀後，才會認定睡眠是基本生理機能，和發展最為成熟的大腦活動有關。於是，林奈的見解甚至未遭質疑。

今日，反對這等主張的人很多。就連林奈自己，若是清楚睡眠的多樣功能，大概也會對自身觀察有不同詮釋，而且不會認為植物行為能比擬動物行為。其實，談起以昆蟲為食的植物，他便否定植物可以和動物相比對。林奈相當熟悉包含捕蠅草在內的食蟲植物，自然也仔細看過捕蠅草闔上，將捕獲的昆蟲消化。然而，在人類僵固的金字塔形自然界階層裡，植物遭下放至生物的最低階，和得以吞食動物這項客觀現實太難相容。於是，林奈和同時代的人一樣，寧可找尋各種各樣可行的解釋，也不願認可明明白白的證據。在沒有科學證實己身主張的情況下，他有時會假設昆蟲並未喪命，只是出於意願或方便才停留於植物體內。或者，昆蟲落於植物上是機運所致，並非受到吸引。甚至，植物的陷阱是偶然闔起，絲毫不可能引誘動物。由此可見，對植物界的矛盾心態，還牢牢抓著這名偉大的瑞典植物學家不放。

一直要到達爾文於一八七五年發表食蟲植物論著，才終於有科學家宣稱某類植物會靠動物為生。但達爾文生性謹慎。儘管十分清楚有植物會吞吃老鼠等小型哺乳類動物（像是會捕食肉食動物的某些豬籠草屬植物），就連他都有所保留，未如現代人這般稱這些植物能「食肉」。按他的說法是：「食蟲」。

我們無須為了達爾文用詞斟酌而氣餒。正如同不必因為伽利略（Galileo Galilei）和過往幾世紀其他科學家態度審慎而沮喪。老實說，正是他們的「圓融」使得一些革命性的概念能穿透人的集體意識，滲入非常保守的個別科學社群。不過，且讓我們暫時回頭談林奈，並問自己一個問題：林奈大膽提出植物睡眠說後，為何未引來同儕閃避或迫害？答案很簡單：有好長一段時間，學界並不認為他的理論有事實根據，就連駁斥的價值都沒有。再者，既然沒人相信睡眠有特定作用，又有誰會在乎植物睡眠與否？

今天，我們清楚有多少維生機能及腦部作用和睡眠這生理程序有關。可在世紀之交以前，連當代科學都斷言唯有演化程度最高的動物會入睡。到了二〇〇〇年，神經科學學者喬里奧・托諾尼（Giulio Tononi）才證明此點有誤。根據他的研究，就算是現存昆蟲中構造極為「簡單」的果蠅都享有當之無愧的休憩時間。那麼，為什麼植物就不該入眠呢？也許，唯一說得通的解釋是，這一概念和人對植物界的見解鑿枘不合。

人類是地球上演化程度最高的生物嗎？

很遺憾，提起植物界和所謂「生物金字塔」（Pyramid of Living Things），我們的想法在好幾世紀以來和《智慧之書》（*Liber de sapiente*〔*Book of Wisdom*〕）所述如出一轍，少有例外。這本書刊行於一五〇九年，作者是夏里．德波維爾（Charles de Bovelles, c. 1479-1567）。書中一幅圖說，勝過千言萬語，展示了有生命之物與無生命之物依次遞升：一開始是石頭，而評語很簡潔扼要，意指「僅止於存在，別無特質」（Est）；接著是植物，「僅止於存在而有生機」（Est et vivit）；再來是動物，「天生能感知」（Sentit）；最後是唯一「具有理解力」（Intelligit）的人類。

如今，人類依然認為，某些物種的演化程度較高，天生活力較強，而某些物種的演化程度較低，活力也較弱。這種流行的觀點起自文藝復興，早就化入文化底蘊，幾乎無從割捨，儘管自一八五九年《物種原始論》（*The Origin*

圖1-1　夏里．德波維爾「生物金字塔」（摘自《智慧之書》）。人類對大自然的看法變動不大。

of Species）出版至今，已超過一百五十年。達爾文的奠基之作讓人了解地球上的生命。這部作品之重要，由生物學大師杜布然斯基（Theodosius Dobzhansky）下面這句話就看得出來，「生物學的一切，若非由演化的角度來看，便全無意義。」達爾文生於英國，身

兼生物學家、植物學家、地質學家、動物學家。這位科學巨匠的理論融於前賢遺澤，為後世承繼。但是，即便在科學社群，完全錯誤的演化論點仍根基穩固，把植物當成消極被動、無感無知、無能溝通、無有作為、無力運算。

其實，正是達爾文證明了生物演化程度並無高低之分，而使前述論調之誤再無可疑。在他看來，現存於地球的生物都走到了演化分支盡頭，否則該會滅絕才對。這項假定非常重要，畢竟達爾文認為，身處演化鏈終點意味著在過程中展現了超凡適應力。當然，這位天才博物學家相當清楚，植物極其複雜難解，有許多超出一般認知的能力。他一生心力很大一部分投入植物研究（約六大冊著作再加上近七十篇文章），藉以闡述為他帶來不朽聲名的演化論。可是，達爾文對植物的大量研究，總被當做次等成果。如果對科學界如何忽視植物還有疑問，此點又是一例證。

杜安・艾斯利（Duane Isely）於一九九四年《一〇一位植物學家》（*One Hundred and One Botanists*）一書寫道，「達爾文在各式撰述中所受關注，勝過古往今來其他任何植物學家……說來奇怪，文字記載多如洪流，卻甚少著墨於其人植物學家身分。誠然，不少相關著作會提到達爾文有數本植物學論著，但都是一筆帶過，多少像是在說：『這個嘛，大師偶爾也需要消遣一下。』」達爾文多次堅稱，植物是一生所見最非比尋常的生物。他在《自傳》坦言，「我向來樂於提升植物在生物系統中的等第。」而一八八〇年出版的鉅著《植物的行動力》（*The Power of Movement in Plants*）則再度提起植物何等不凡，並加以發揮。達爾文是老派科學家，走的是觀察自然、演繹法則這條路。儘管不是個實驗狂，他在這本書裡倒也說明了與其子法蘭西斯（Francis Darwin, 1848-1925）合作的數以百計實驗有何收穫。就書中描述與詮釋來看，為數眾多的植物運動大半涉及根部而非地上的莖葉花果。而達爾文還在植物的根裡辨識出近似於「指揮中心」的部位。

對這名英國博物學家而言，著作的末段一向最為要緊。在這最末一段，他會為所論課題作結，而且下筆清淺，人人能懂。在《物種原始論》那篇出名的〈後記〉便可找到很出色的例子，「如下觀點，自有莊嚴：最初，有形有體之物，也許若干種，也許僅只一種，其生機及數種能力乃造物者所賦予。而萬物所在之行星，固然遵照不變的重力定律而循環，卻也由初始極盡單純之態演化出極其優美、奇妙的無窮形體，至今未歇。」

而在那闡論植物運動的生動尾聲，達爾文清楚陳述信念，認定植物根部有作用，類似低等動物腦部的構造（我們會在第五章回頭檢視這重要主張）。其實，植物數以千計的根尖個個都具備「運算中心」。須強調的是，在這裡用上「運算中心」一詞，是要讓最為刻薄的植物智能說批評者也能明白，自達爾文以降，從未有人設想過或說過，植物的根部實際存有如人類那般胡桃形狀的大腦，不知怎地，千年來竟無人察覺到這一點。相反，植物智能說假設植物根尖有能與動物腦部比擬的部位，而且兩者有很多相同功能。這種說法有什麼好讓人大為震駭的？

雖然達爾文的論調有可能引發重大後果，他本人卻很審慎，不在書中詳加闡述。在撰寫《植物的行動力》時，達爾文已入老境。他很確定，人們應該將植物視為有智能的生物。但他也曉得，這話要是明說，就等於捅了個馬蜂窩，會使自身研究爭議不斷。我們得記得，他為了替那套人類演化自猿猴的理論辯護，早惹了一身腥！於是，他將開展論點的事留給別人，特別是其子法蘭西斯。

法蘭西斯深受父親的觀念與實驗影響，延續了達爾文的成果，當上全世界第一位植物生理學教授，也首開風氣，以英文為該領域立論。在十九世紀末，將「植物」與「生理學」兩種概念結合起來，仍顯得扞格。但法蘭西斯跟在父親身邊鑽研植物構造與行為許多年，早就相信植物具有智能。在一九〇八年九月二日英國科學促進協會（the British Association for the Advancement of Science）年度大會的開幕式，憑藉本身努力成為舉世聞名學者的法蘭西斯將顧慮拋諸腦後，聲稱植物是有智能的生物。一如預期，這番話引來猛烈抗議，而法蘭西斯重申斯言，還因而於該年在《科學》期刊（*Science*）發表一篇三十頁的論文。

這件事的衝擊不同凡響。全球各地的報紙都報導此爭端，而科學家也分為兩大敵對陣營：一派受法蘭西斯提出的佐證說服，隨即堅稱植物擁有智能，另一派則堅決否定有此可能。這和古希臘兩派對立如出一轍！

在發生爭端的好幾年前，達爾文與義大利利古里亞一位植物學家通信，大有收穫。這位植物學家現今已為世人遺忘，這實在很不應該，畢竟他是當時極為重要的博物學家，而開創植物生物學之功甚至該記在他名下。費德利科．戴比諾

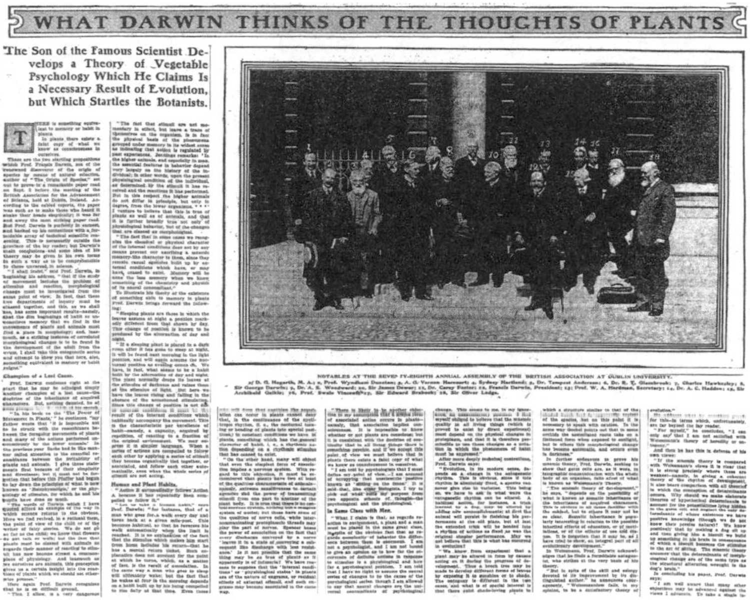

WHAT DARWIN THINKS OF THE THOUGHTS OF PLANTS

The Son of the Famous Scientist Develops a Theory of Vegetable Psychology Which He Claims Is a Necessary Result of Evolution, but Which Startles the Botanists.

圖1-2 《紐約時報》（*New York Times*）報導法蘭西斯在一九〇八年九月二日英國科學促進協會年度大會聲稱「植物有初等智能」。

（Federico Delpino, 1833-1905）是傑出的科學家，掌管那不勒斯植物園。與達爾文的通信，讓他也相信植物身負智能，從而投身野外實驗，探究植物機能。有很長一段時間，他專注於植物與螞蟻的共生現象[2]。達爾文非常清楚，有很多植物就連花朵以外的部位都會分泌蜜汁（不過，大部分蜜汁可想而知是由花朵產生，以便吸引昆蟲授粉），也觀察到相當甜的蜜汁會吸引螞蟻。但他未曾仔細研究花朵之外的蜜汁生產，而是認定這基本上出於植物要去除廢棄物質。戴比諾在這一點和大師意見分歧。植物得付出極大代價才能製造富含能量的蜜汁。而他納悶，既然這樣，為何要捨棄蜜汁不用？一定還有別的解釋。

戴比諾觀察螞蟻，得出了結論：與蟻共生的植物特地在花朵之外的部位分泌蜜汁，好將螞蟻引來，利用為防禦手段。螞蟻在飽餐之後為了回報，會有如真正的戰士一般，替植物防禦草食性生物。你可曾倚靠著草木，卻被這些健壯的小小膜翅目昆蟲一咬而跳了開來？一有狀況，螞蟻會立即保護植物宿主，排成一排圍住潛在掠食者，逼其撤退。要說這種行為對雙方均無極大便利，還滿難的。

其實，昆蟲學家會說，螞蟻保護食物來源的做法大有智慧。不過就植物學家所見，從以前到現在都不是這麼一回事。他們少有人願意承認：植物的舉動也有

---

2 myrmecophilia，源自希臘文 murex（「螞蟻」）及 philos（「朋友」）。

智慧（和目的）可言，而蜜汁分泌是審慎的策略，用來招募不平凡的大隊保鑣。

植物：永遠等而次之

讀到這裡，你大概不會意外，許多得自植物實驗的傑出科學成果，得花好幾十年等待動物研究「證實」。只要是與植物界有關，生命基礎機制的發現不是實質遭忽略，就是被大幅貶抑。可若是牽扯到動物界，就會突然有名起來。

不妨先以孟德爾（Gregor Johann Mendel, 1822-1884）的豌豆實驗為例。這些實驗實則標誌著遺傳學開端，但孟德爾的結論卻在四十年間近乎全然無人聞問，直到動物實驗帶來第一波遺傳學熱潮，情況才有改變。接著，或者換換口味，看看熬出了好結果的芭芭拉．麥可琳塔克（Barbara McClintock, 1902-1992）。麥可琳塔克察覺基因組會受影響，而於一九八三年獲頒諾貝爾獎。在她得出反證前，學界認為基因組（亦即基因的整體構成）很固定，在生物的一輩子都不會改變，「基因組的穩定性」是凜不可犯的金科玉律。但在一九四〇年代，麥可琳塔克做了一系列玉米實驗，發覺基因組並非無懈可擊。

這是項關乎學理根本的大發現——麥可琳塔克卻為何等到四十年後才獲得諾貝爾獎？理由很簡單：她鑽研的是植物，而且因為觀察所得與學界正統相左，長時間遭科學社群排擠。不過，一九八〇年代初，研究人員在動物身上做了類似實驗，證實了其他物種的基因組有可能受影響。有了這項科學「再發現」（而不只是靠自身研究），麥可琳塔克才會成為諾貝爾獎得主，貢獻也才受到認可。

當然，談到受差別待遇的科學發現，麥可琳塔克的成果遠遠不是孤例。這一長串例證，從最先在植物中發現的細胞，到讓安德魯·費爾（Andrew Fire）和克雷格·C·米洛（Craig C. Mello）頭戴諾貝爾桂冠的核糖核酸干擾（RNA interference）都包括在內。後者等於是探究秀麗隱桿線蟲（*Caenorhabditis elegans*）後的「再發現」。前行研究是理查·喬爾根森（Richard Jorgensen）的牽牛花實驗。結局是，探索牽牛花所得無人知悉，而探索十分低等卻仍屬動物的蟲類，倒值得領一座諾貝爾生理學暨醫學獎。

例子還有很多，但基本上是同樣情況：就算在學術領域，植物界也向來屈居次等。然而，植物卻常常用於研究，原因是與動物的生理機能很類似，更別提拿來做實驗引起的道德難題較少。可是，我們真能確定此中的道德意涵無關緊要嗎？希望這本書能讓人讀了之後在這方面生出些疑慮。

要等到植物界屈從於動物界的荒謬情形終於停止，人們才有可能研究起動植物的相異而非相近之處，並且讓這類研究發揮更大作用。新穎而迷人的研究領域將會開啟。不過，下列提問也許情有可原：要是知道會被大部分科學獎項排除在外，有哪個傑出的研究者會投注心力於窮究植物而非動物？

如前所見，我們的文化會自然而然導向如此事態。人生也好，科學也好，普遍的價值階層都讓植物在生物中敬陪末座。縱使人在地球上的生存與未來都有賴於植物，整體植物界卻未受應得重視。

第二章

植物：形同陌路

近幾十年來，科學已證明植物有感有知，能組織繁複的社交關係，能和同類及動物交流。那麼，人類爲何仍將一草一木僅僅視爲原料、食材、裝飾？是什麼緣故讓人原地踏步，改不了對地球生物的膚淺初評？

自從約二十萬年前於地球現身，人類就一直與植物共存。二十萬年似乎足夠用來認識一個人，卻不足以認識植物。人對植物所知甚少，而看待植物的方式大概和遠古第一位智人差相彷彿。

這麼說，明顯無從舉證。但用個簡單的例子，或許就能看得清楚。我們先挑出一種動物，比方說「貓」，來描述其特質。貓給人哪些感受呢？聰明、機敏、親暱、擅打交道、投機取巧、肢體靈活、動作迅速，天曉得沒提到的還有多少。現在，選出一種植物，比方說「橡樹」，也來描述其特質。橡樹有什麼可說的呢？高大、多蔭、樹皮上有許多疙瘩、芬芳清香……還有別的嗎？頂多，我們會補充幾句橡樹的美，再讚嘆一下樹材用途。能確定的是，不會觸及「群體生活面向」。不像談到貓的時候，會提及貓喜好交際（雖說「我行我素」一語同樣可形容貓與周遭事物的關係）。我們也不會覺得橡樹有智能，卻能輕易察覺貓的聰慧。而要說和橡樹很親暱，更是想都沒想過！

可是，這之中有些不對勁。生物若是智能闕如、不擅往來，無法與環境和睦相處，又怎麼可能在這地球上生存、演化？植物的機能要真這麼糟糕，老早被天擇掃滅了！

不過，我們不必回頭由久遠的過去尋找證據。近幾十年來，科學已證明植物有感有知，能組織繁複的社交關係，和同類及動物交流。在接下來幾章，我們會一一探討這幾點。那麼，人類為何仍將一草一木僅僅視為原料、食材、裝飾？是何緣故讓人原地踏步，改不了對地球生物的膚淺初評？

裸藻對上草履蟲，是否旗鼓相當？

除了第一章所見的文化影響，「演化」與「時間」兩項因素也左右人對植物界的認知。

首先，讓我們試著分析演化因素。一開始得問的是，「演化」一語作何解釋。演化指的是生物在緩慢而持續的適應環境歷程中，發展出最適於其生存的特點，每一物種依棲息地類型而增減特點與能力。當然，這一切歷時甚長，卻能導致生物的原初形態和最終形態顯現肉眼可見的宏觀差異。就區隔動植物而言，演

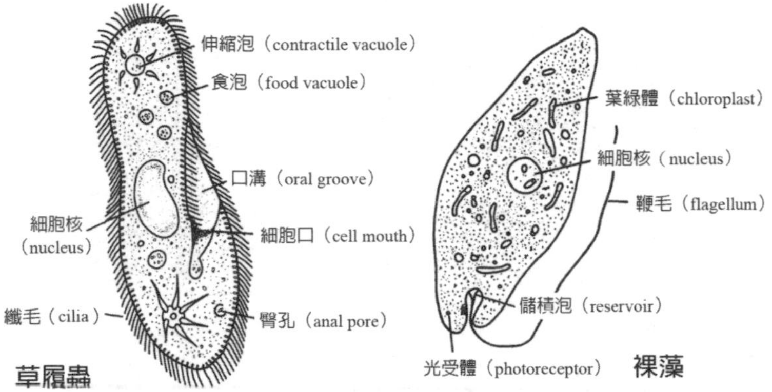

圖2-1　草履蟲與裸藻的結構對比。兩種生物非常相像，但後者多了原始形態的「眼睛」（光受體）以感知光線。

化起了基礎而重要的作用。今日，這是使人類無法深入理解植物界的一部分原因。

為了將癥結看得更清楚，得退一步思考。

我們都知道，地球上最先出現的單細胞生物是屬於植物的藻類。藻類行光合作用產生氧氣，使包括真核生物（或者說動物細胞）在內的生命得以擴散綿延。

那時和現在一樣，植物細胞和動物細胞的區別不如人所認為的大。誠然，植物細胞比較繁複，多出了一個用來行光合作用的胞器

（葉綠體），以及環繞整個細胞的細胞壁。而細胞壁也使得植物細胞遠比動物細胞牢固。但撇開這兩項差異，雙方確實十分相似。

既然這樣，該如何解釋人在對比單細胞植物和單細胞「動物」（此處是打個比方）時，老覺得後者更複雜、演化程度更高——一言以蔽之，更高等？

我們不妨比較一下單細胞動物「草履蟲」和單細胞植物「裸藻」。稱草履蟲為動物，有點不合規範。畢竟，現今草履蟲和其他原生動物（protozoa）獨立為一類，稱作原生生物（protist）。但是，直到幾年前，不管怎麼看，人類都將草履蟲當成動物。一如「原生動物」[3]一詞所提示，草履蟲是原始形態的動物。

草履蟲為單細胞微生物，覆蓋周身的纖毛，功能好比船槳，用以泅泳、移動。人要是看過顯微鏡下的草履蟲，就會忍不住為之著迷，演化所得的構造十分簡練，一舉一動也彷彿透出優雅。在所有生物中，草履蟲的確出類拔萃，雖僅止單一細胞，能耐卻教人驚奇。在一九〇六年出版的《低等生物的行為》

3 源自希臘文protos（「原初」）及zoon（「動物」）。

（*Behavior of the Lower Organisms*）中，赫伯・史賓賽・詹寧斯（Herbert Spencer Jennings, 1868-1947）談到了另一種類似阿米巴原蟲的單細胞動物。他納悶道，倘若這種掠食性生物大如鯨魚，成了人類的潛在威脅，是否該認定其具備智能才比較恰當？

在與草履蟲相對的另一方，屬於綠藻類單細胞微生物的裸藻一樣是造物的奇蹟。裸藻也可歸入原生生物，但無疑具備植物本質。

檢視這般結構簡單的生物，進而察覺其驚人的機能，有助於我們認清對植物界的偏頗觀點是以何為基礎。兩種單細胞生物的共通點與相異處為何？真的只有動物具備最低程度的智能，而不包括植物嗎？

我們先談草履蟲，也好有些粗略的概念。草履蟲如此渺小，能力之高卻出人意料。例如，該生物能辨明食物所在，並移動過去取食。

至於裸藻，為求生存，自然也需要能量。一般而言，裸藻行光合作用以補充能量，和一切植物沒有兩樣。即便光線不足，也不會就此認輸，而是轉變為掠食者，舉止有如動物。這時，裸藻同樣會「辨明食物所在，並移動過去取食」——

沒錯，裸藻是植物，但的確能動！其實，這一藻類微生物便是借助微細鞭毛游來游去。

顯然，草履蟲與裸藻都能繁衍。若是觀察兩者在水中的舉動，似乎看不出太大不同。但，且慢，草履蟲的身體有電信號來回穿梭，將訊息傳至單細胞各處。是故，學者稱草履蟲為「游泳中的電子」，而以此稱號來定義草履蟲似乎十分恰當。不過，同種電脈衝也流遍裸藻的單細胞身體。所以，雙方又是不分勝負。

草履蟲和裸藻能做到相同的事情嗎？植物與動物的較勁會平手嗎？鬥都沒有。可結局與我們的預料有別。暗藏王牌的一方是裸藻，不是草履蟲。裸藻能行光合作用，也因為比草履蟲多出這項能力而輕鬆得勝。為了增進此能力，裸藻還發展出基礎視覺，得以截取光頻，找到接收光線最合適的位置。

可是，如果裸藻不僅做得到草履蟲能做的每一件事，還能觀看外界，並且轉化太陽光來產生能量，為什麼從來沒人稱呼裸藻為「游泳中的電子」，或是奉上別的稱號來表明其不凡能力？答案很難說得準。我們無法以理性來解釋人類何以普遍不顧紮實的科學證據，無視植物細胞的功能比動物細胞還強。

五億年前

回到本章開頭談到的演化阻礙。五億年前，植物與動物開始分化，原初生物選擇了分歧的路徑。總而言之，植物選擇安居的生活風格，而動物選擇流浪。附帶提一件有趣的事：同樣的定居抉擇，卻在人類社會催生了第一個偉大文明。

植物必須自土壤、空氣、太陽獲取一切維生所需。人們因此將之定義為「自營性」[4]。也就是說，自給自足，不仰賴別的生物求存。動物則需以他種動物或植物為食，因而開展出多樣運動機能，諸如奔跑、飛翔、游泳。有鑑於動物不能自給自足，人們便將之定義為「異營性」[5]。

歷經一代又一代，最初的選擇導致動植物其他的根本差異，以致於人類如今可以將兩者看成是生態系的陰與陽、黑與白。動物能動，植物不動；動物進取，植物消極；動物迅疾，植物徐緩。這樣的二元對立，我們能想出好幾十個，但總歸一句話：五億年來，植物界和動物界的生命演化大有區別。

隨著時間流逝，植物與動物初始的演化抉擇，促成了身體與生活方式的驚人差別：動物藉移動或作戰來自衛、覓食、繁殖；植物定於一處，逼不得已要找出全然獨創的解決疑難之道。所謂「全然獨創」，是以我們的角度來看，而別忘記，這是動物的角度。

植物即聚落

首先，由於固定不動、從而受制於動物掠食，植物會「被動抵禦」外界攻擊：株體呈模組化構造，每個部分固然很重要，卻也稱不上不可或缺。此種結構代表了面對動物界時的基礎優勢，特別是當我們考量到草食性動物的數量，以及植物在貪吃的草食性動物之下根本求生無門。模組化組織的頭一項優勢是：被吃

---

4 autotrophic，源自希臘文 auto（「依靠自力」）及 trophe（「食物」）。

5 heterotrophic，源自希臘文 hetero（「其他」）及 trophe（「食物」）。

了也沒什麼大不了！試問，有任何動物敢這麼說嗎？而這還只是略舉一例而已。

本書後面會提到，植物的生理作用依據的原則和動物不同。動物幾經演化，將最為重大的身體功能幾乎都集中於腦部、肺部、胃部等少數器官。植物則考量到易受掠食，避免將機能匯聚於若干神經區塊。這有點像不把錢藏在同一處，而是分多處存放，使遭竊的損失降至最低，或者說是多元投資、分散風險。簡單說：高明之舉！

植物的運作與器官無涉。意思是，不靠肺呼吸，不以嘴巴與胃獲取營養，缺少骨架卻能挺立。而我們接下來很快就會看到，沒有大腦也能決斷。

正是由於這十分特殊的生理機能，植物即便被移除大半，也不至於危及生命。有些縱使整體高達百分之九十至百分之九十五遭吞食，也能由倖存的小小殘株生長回常態。放牧過整批牛羊的草地在幾天內就能回復原狀。人不必當個草食性掠食者也能體會此現象。如果試過修剪常春藤、旋花屬植物，甚或草坪，就會明白我們在說些什麼。植物因為固定不動，或者更確切地說是固著於一處，便以自身可堪分割做為演化策略，以求更能承受掠食者襲擊。動物則一開始就以動為守，從來不曾發展出再生能力。即便有，也只是少數個案。蜥蜴固然能斷尾再續，頭與四足一斷，就無能為力了。然而，植物移除了己身局部，不但尚能生存，有時還因禍得福。樹木於剪枝後更有活力，便是一例。此特點的直接成因，是與人類大有分別的構造。一株植物由重複的模組構成，枝葉根莖全由相當簡易的部件拼組起來。相互堆疊的模組實質上各自獨立，有幾分像是樂高積木。

誠然，露台上的天竺葵給人的印象不是這麼一回事，而是獨一無二。但要是移植一小部分天竺葵——用園丁的話來說是「插枝」——就能看見該部分扎下新根，長成新株。與此相對，人的手也好，大象的腳也罷，在切割後便會壞死，長不出完整的新貌。

我們之所以不斷自稱為「個體」（*individuals*），並非偶然。這個字源於拉丁文 *in*（此處意指「非、不」）和 *dividuus*（「可分割」）。人身的確不可分割，若一分為二，則無一能存。可如果將植物對切，兩半仍可各自求生。理由很簡單：植物不算個體。其實，想正確認知一棵樹、一盆仙人掌，或者一株灌木，不宜比附人類或別種動物，而該將之想像成聚落。與其說一棵樹類似個別動物，不如說近於蜂巢和蟻窩。

雖然植物在地球上存在已久，由此角度來看卻異常現代。網路興起，讓人有可能以社群網站一類相連群體為根柢開發技術。而超生物體（superorganisms，或者說「群體智慧」）特有的衍生特性（emergent properties）正是許多這類科技的一大基礎概念。所謂「衍生特性」，指的是個體唯有團結，才得以開展出各自皆不具備的特質——一如蜜蜂或螞蟻形成聚落，進而發展出遠遠勝過單一成員的集體智慧。我們在第五章討論植物智能時，會再詳談與此相關的植物行為。

節奏上的問題

現在，回頭談我們何以無法認清：植物也有社交往來，而花草樹木和人類一樣複雜，演化程度一樣高。人無從察覺這等繁複現實的原因，另有一涉及時間的面向。

我們都曉得，生物的平均壽命依物種而有顯著差別：人類約是八十年，蜜蜂略長於兩個月，大型陸龜則百年有餘。除了平均壽命有別，動物也各具生理韻律：有的會冬眠，有的移動和繁衍的速度比人快，有的則比人慢。乍看之下，要承認別的生物按照不同時間尺度過活，好像不是太難。但實情並非如此。畢竟，人難以理解，在肉眼察覺不到的極緩時間尺度下有何動靜。換個說法就是，人很「快」，植物很「慢」，非常慢。當然，單獨來看，「快」、「慢」這類形容詞並無意義。

人與植物間的速度差異極其巨大，超出了人的覺察。這有點像是立體的錯視畫法或是光學幻象，只不過涉及的是時間。例如，我們很清楚，植物為了捕捉光線、遠離危難、尋求支撐（就攀緣植物來說），會有所移動。近幾十年來，照相、電影等現代技術讓人能重現達爾文早就闡述、證實了的植物運動。今日，在網路上略加搜尋，就能找到影片一睹萌芽、花開之景。但在人的感知裡，植物依舊「靜止」。

種種影片顯示了植物的運動教人嘆為觀止，但人的信念堅不可撼，仍然認為植物距礦物界為近，離動物界為遠，而這信念多少出於直覺。既然難以察覺其運動，人便把花草樹木當成無生命之物對待。就算知道植物會成長，是以能移動，情況也沒有改變。當我們眼不見而內心深處不信，植物自然動也不動。

人否定植物能動，有什麼大不了的嗎？但我們得注意到，身處有著超高科技進展的社會，人對許多事物並無直接的感官認知，卻不會懷疑其特性。了解電視、電話、電腦如何運作的人不多，但他們不會僅僅為了未能以感官直接體察其運作，就貶低其技術特質。再者，人想認識宇宙結構和物質組成，都得以極其精密的儀器為中介。可即便原子比植物更遠遠超出人的感官體驗，有誰會想到要否定原子結構很複雜？可想而知，教育在此中起了重大作用。

那麼，為何一談起植物，就不見類似情形？也許，文化之所以無法居間協調，假以時日緩解這種出於直覺的偏見，是出於人的「心理障礙」。這不是無稽之談，茲說明如下。

人之於植物，是一種純粹而原始的依存關係，多少像是孩子之於父母。孩子越長越大，特別是到了青春期，會有一段時間完全否認對父母的依賴，以此達到心理自主，為許多年後的實際自主鋪路。要說人和植物的關係中有類似的心理機制，並非天方夜譚。沒人喜歡仰仗他者。隨此而來的是屈居弱勢、地位不穩，在在教人不快。

我們或許會由依靠而生怨，而原因是前者讓人無從感到全然的自由。簡單說，對植物的倚靠之深，使得人盡全力將植物拋諸腦後。說不定，我們不願記起自身的生存與植物息息相關，是因為這會使人自覺軟弱，稱不上是宇宙主宰。不消說，如此論調或多或少有意引起爭端，但有助於釐清人與植物界之間的權力制衡。

沒有植物的生活？不可能

假如植物明天就從地球消失，人類僅僅幾個星期就會滅絕。能撐到幾個月已是極限。而很快，高等生物會全數滅亡。反過來說，倘若消失的是人類，植物用不到幾年就能收回先前遭奪走的自然界領土。百餘年過後，曾經歷久不衰的文明便會徹底為綠意覆蓋。這兩種假想情境，大概能幫我們由生物學的角度來衡量植物與人孰輕孰重吧。

不妨再套用另一比喻：就生物學而論，人類還身處受亞里斯多德與托勒密（Claudius Ptolemy）籠罩的年代。在哥白尼（Nicolaus Copernicus）提出翻天覆地的主張之前，人們相信地球是宇宙中心，而其餘天體繞地球運轉。這種看法完全以人類為中心，在好幾世紀間為大眾採納，儘管伽利略試過將之推翻。唉，生物學可以說多多少少還處於哥白尼降世前的局面。世間盛行的觀念以人類為至尊，而萬物環繞人類運行：人類強迫萬物順從己意，成了不容置疑的自然界之主。這等設想很吸引人，也很讓人心安……可惜只是假想！

其實，人類的處境並未如此顯耀。光是植物界，就占地球生物量（biomass）百分之九十九．五以上。這就好比生物的總重為一百，而根據各式估計，其中百分之九十九．五至百分九十九．九是植物。或者倒過來說，包含人類在內的動物只占了少少的百分之〇．一至百分之〇．五。

縱然人類心意堅決，要將森林砍得半點不剩，植物仍是無可置疑的萬物之后。多虧了雙方這樣的關係，地球才依然適合生物居住，真是謝天謝地！

如一般人所知，植物位於食物鏈基底：我們吃的一切，要嘛屬於植物，要嘛以植物為食。乍看之下，人類在攝取營養時似乎窮盡了植物種類。可事實有別於此。人類所需熱量大半來自下列六種主要植物：甘蔗、玉米、稻米、小麥、馬鈴薯、大豆。再加上若干其他植物，便幾乎構成了全球所有人的基本營養。這些所謂的「食用作物」生氣勃勃，相當特別。

耕種作物有點像豢養牲畜。你是否納悶過，何以人類吃的肉品差不多全都是牛肉、雞肉，和豬肉？為何沒有任一文化以獅子、牛羚、狼、熊，或蛇為肉品來源？畢竟，這種種動物絕對可供食用，等同於牛雞。答案很明顯：家禽與家畜較容易飼養。熊肉是珍饈，但養熊大為不易。同理，並不是全部的植物都適合密集耕作。

可堪食用的植物很多，但受演化而成的形態所限，大多無法以產業規模種植。這些植物很狂野，如同老虎與熊。另一方面，狗發現和人類共生要比奮鬥求存來得輕巧且方便，從而演化成有別於狼的新物種。幾經演化，人與狗產生了雙方都很滿意的絕佳合作關係：人會餵養並照顧狗，狗會保護且陪伴人。有些植物採取了近似的演化策略：植物供人食用，而人替植物防蟲、施肥，並且廣為傳播，連世界偏遠角落都可得見。

說到人對植物的仰賴，食物供給只是最合於直覺的頭一個環節。接下來，很明顯還有一環是提供氧氣。我們都知道，人的生存有賴於空氣中的氧，而這氧氣來自於植物。但並非每個人都清楚，人所運使的能量有一大部分也源於植物，而且還真得感謝植物在幾千年來供應能量讓人類運用。

試想：植物將太陽能轉變為化學能，一度將地球上可供人類取用的大量能源濃縮於體內。這奇妙的過程——也就是我們說的光合作用——將大氣中的光和二氧化碳轉化為糖，亦即內含高能量的分子（這一點，任何遵守低熱量飲食規定、對糖敬謝不敏的人都心知肚明）。由這初始的基礎階段，經過後續轉換，便產生了供現代人消耗的種種形式的能源，範圍之廣，由木材到炭，再由石油到其餘燃料都包含在內。

在上個世紀之交，俄國植物學家克里門．季米里亞澤夫（Kliment Timiryazev, 1843-1920）寫道：「植物是連結地球與太陽的環節，」而且說實話，人類所用的能源，幾乎每一種向來都出自植物。

實際上，石化燃料，諸如炭、碳氫化合物、石油、天然氣，不過是多樣地質年代中，太陽能經植物以光合作用轉化，釋放至生物圈，於地底累積而成。這些燃料遠遠不是某些人堅稱的「礦藏」，而是實實在在的有機沉積物。

所以說，在氧氣和食物之外，植物還使人類的生活多了「能源」這項基本要素，更添富足。這已足夠讓人對一切綠色植物頂禮膜拜。再說，我們甚至還沒提到醫藥呢。組成人類一切用藥的化學分子，差不多都與植物有關，不是由植物所製造，就是人類仿效植物的化學反應所合成。

在全世界，不管在東方還是西方文化，不管在先進或是開發中國家，植物都是醫藥必不可缺的基本要件。植物對人大有好處，不僅出於所產生的多種分子能用於製藥，還因為在多樣環境中與人作伴時，能直接增益人的身心健全。

人們長久以來都知曉，植物帶來的好處有生成氧氣、吸收二氧化碳與汙染物、調節氣候。但植物對人類安康的其他影響，直到最近才有人研究。而研究的發現十分值得注意：據實驗報告所述，有植物相伴，能減輕壓力，提升注意力，加速病症痊癒。

由衡量心理指標可以證實，光是看到植物就可導引人冷靜和放鬆。醫院中的患者如果能由窗戶往外看到植物而非建築或空地，就比較不需要止痛藥，而且更快出院。這正是為什麼北歐有許多新建的醫院（實質上出於經濟考量）撥出空間（有時甚至是整層樓面）來擺放植物，供病人遊賞，消磨時間。在美國，有很多醫療機構開放花園供患者及其餘訪客參觀。波士頓兒童醫院和馬里蘭大學康復暨骨科中心便是其中兩例。

最近，有學者從數種不同角度來研究植物對嬰兒與兒童的作用。初步的成果，起碼能說是相當驚人。

例如，伊利諾大學香檳校區有份研究檢視了學生在房間裡的考試表現。應試需要專心致志，而窗外可以看見綠色景致的學生明顯比那些只能看到建物的同儕考得好。

義大利佛羅倫斯一間學校的研究顯示，與大學生相比，小學生得植物為伴更能增進專注力。此外，若得群樹夾道，則事故較少，而鄰里綠意盎然，自殺率和暴力犯罪率也較低。簡單說，植物有助於人凝神專一，能提振情緒、學習和整體安樂。就連在漫長太空任務中，植物似乎也不可或缺，既是食物，又能讓太空人寬心。

植物何以對人的心理有這種種好處，目前還多半不得而知。也許，原因可以回溯至遠古，牽連著人埋藏於無意識的體察：植物不存，人類也不存。人類維生所需、維生之機全在那綠色天地中。我們遇上植物，便感渾身沉穩，或許正是呼應這份代代傳承的覺察。當下如此，久遠前也是如此。

第三章

植物的感知

植物和人類一樣具備五感，而且在此之外還有十五種感知能力。顯然，這些能力是按照植物（而非人類）的本質發展出來的，但同樣可靠。

顯而易見，植物並無眼睛、鼻子、耳朵，教人如何相信會有視覺、嗅覺、聽覺，甚至味覺和觸覺？人的文化、感知、簡單觀察所得，這一切都與此論調不合。

我們學到的思維是，植物有其生長方式。大抵是動也不動，行光合作用，偶爾萌生新芽，有時花開，有時葉落。

在英文裡，vegetable 這個字在指涉植物外，還有一個讓人不快的衍生義。對我們來說，「變成植物人」、「淪為植物人」意味著完全喪失與生俱來的感覺與運動機能，實際上只是苟活，和植物沒有兩樣。但，是這樣嗎？

如第一章所示，把全體植物當成無感無知，是由古希臘完整傳承下來的觀念，經文藝復興而未曾稍改——知名的「生物金字塔」圖便把植物描繪成既乏感覺，也缺思慮——其後，則受啟蒙運動與科學革命較為嚴格的審視。按理說，這番審視本該揭露觀念的錯謬，但事與願違。

不過，請想像「淪入」動彈不得的境地。若能假想成主動選擇了這項大有用處的演化策略，自然更好。如前所見，後者正是植物的情況。在這假設情境裡，視覺、嗅覺、聽覺，以及藉由感知探索環境，難道不會因行動受限而更顯重要嗎？求生、繁衍、茁壯、禦敵，在在少不了感知能力。這也是為什麼，植物作夢也不曾想過不靠感知過活。

我們接下來會看到，植物和人類一樣具備五感，而且在此之外還有十五種感知能力。顯然，這些能力是按照植物（而非人類）的本質發展出來的，但同等可靠。

視覺

植物看得見我們嗎？如果可以，又是怎麼辦到的呢？要解答疑難，必須先定義此處所指的「視覺」。很明顯，植物缺少眼睛，但這就表示不能觀看外界嗎？

讓我們先翻查字典，排除提及眼睛的定義，看看還剩下什麼。字典說：視覺是「視物機能，由為此調適好了的專門器官感知影像刺激（visual stimuli）」；「感知影像刺激的官能」；「視物機能或官能，可察覺日光和受日光照射的物體。」[6]那麼，植物既然缺乏眼睛，便無傳統認知下的視覺。可是，若改取「察覺日光」、「感知影像刺激」等義，就完全是另一回事了。依照後兩者，植物不僅視覺完備，還有值得注目的進展，可以截取、利用日光，辨識其質量。會發展出此種能力，顯然是由於大半能量得靠光合作用從日光取得。

對光亮的追尋主導了植物的行為與生命：草木享充足光照，有如人類擁富裕資財。反之亦然：暗影壟罩，好比貧困襲身。植物一如人類，每日耗能以維生所需占的比例最大。就植物而論，這代表得不斷獲取、運用日光。

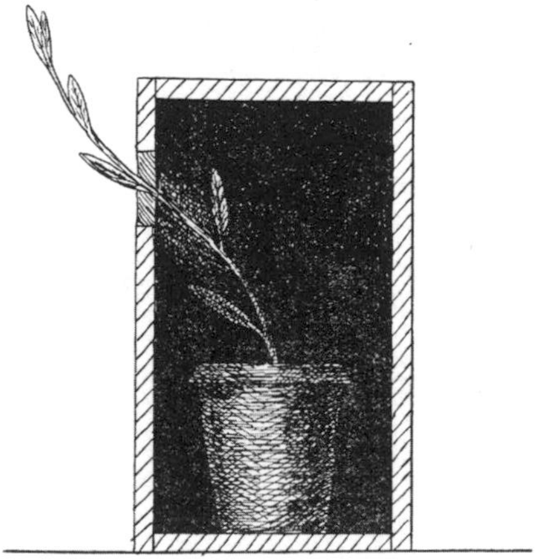

圖3-1　趨光性圖例。植物朝光源處生長。

稍後我們會看到，光照多寡之於植物，正如資產貧富之於人類，會影響發育、行為、機能、學習潛力。

人只要在室內或室外觀察過植物，就會注意到植物改變姿態，朝陽光照來的方向生長，並且挪動葉片，以求最大獲益。這迅疾的動作稱為「趨光性」[7]。而唯一合理的解釋是，植物必須盡可能快速、有效率地截取日光。於是，兩株相鄰的植物，同處森林也好，合居一盆也罷，最後會彼此競爭，因為較高的那株會遮蔽較矮的這株。這種促使自己試圖勝過對手生長速度的動力就叫做「逃離蔭蔽」（escape from shade）。這說法很怪，畢竟人們一般不把「逃離」當成植物會出現的舉動。再者，此中所觸發的其實是爭奪日光。

「逃離蔭蔽」的現象，肉眼清楚可見。是以早在古希臘，人們便對此極為熟悉。然而，雖然這典型的植物行為在幾千年前就為人所認識，其實質重要性仍持

6 各定義分別出自 *Il Sabatini Coletti*、*Il Grande Dizionario Hoepli*、Etimo（此為線上詞源字典）。

7 phototropism，源自希臘文 phos（「光亮」）及 trepestai（「移動」）。

續遭忽視或低估。說到底，我們所討論的「逃離蔭蔽」究竟意味著什麼？其實，這是計算風險，評估收益，展現了真真正正的智能。若非偏見遮蔽了人的雙眼，這等事實早該明確無疑。

試想：植物在逃離蔭蔽的過程裡加快生長，以求勝過對手高度，獲取更多日光。如此迅速而劇烈的成長耗能甚鉅，不成功便成仁。花草樹木將能量與物質投注於這般所費不貲且前途未卜的運作，猶如創業者為了將來發展而投入資財。像這樣的行為顯示了植物能盤算規畫、運用資源以求成果。簡單說：是智能生物的典型作為。

話說回頭，植物如何感知光照呢？在植物內部，有一連串化學分子充當光受體，接收並傳遞光源、光質等訊息。植物不只能分辨光影，還能由光波長度識別光線性質。光受體的名稱很奇特：光敏素、隱色素、向光素。每一種會吸收紅光、遠紅外線、藍光，或紫外線等光譜帶的特定波長。這種種波長能調節植物生長的諸多面向，從萌芽、增長到開花都包含在內，對植物最為重要。

不過，光受體位於何處？人用來感應光線的眼睛長在頭部前端。由演化的角度來看，這是關鍵位置，理由有三：夠高，視野廣闊清晰。靠近人體獨一無二的腦部。受到防護，免於外在攻擊——人腦和五感中的四種都繫於頭部，頭部所受的保護也最多。至於植物，我們知道，運作方式並不相同。植物歷經演化，避免將機能集合於一處，規避因遭草食性生物掠食而悽慘喪命的風險。

在植物體內，幾乎所有功能全遍布各處，沒有任何部分稱得上不可或缺。整體結構既是如此，就連光受體也數量龐大，以備承受損失。儘管多數存於專門進行光合作用的葉片器官，光受體在其他部位也可得見。即使是莖、蔓、幼芽、芽尖最細嫩處，和初經砍乏、不易燃燒的生材（green wood）都富含光受體。可以說，植物彷彿全身都是小小的眼睛。而根部也極能感光，但與葉片相反，對日光全無好感。葉片會面對光照，朝光源處牛長，表現出對日光的需求，即所謂「正趨光性」。根部則大相逕庭，彷彿會「畏光」[8]，以致於逃避光源。這樣的行為，稱作「負趨光性」。

8 photophobia，源自希臘文 phos（「光」）及 phobis（「害怕」）。

在這裡，有項做法值得一提。此中再次展現了對植物的無知會如何導致扭曲的實驗結果。我們應該能肯定，每個人都曉得植物的根在土裡，因而也是在黑暗中生長……對吧？其實不然。現代實驗室在研究植物時，好像對這消息不知不覺。目前，分子生物學這門新學科已逐漸取代輝煌的植物學和植物生理學。該學科的實驗幾乎全是運用模式植物幼苗（model plant seedling），而其中最知名的阿拉伯芥是現今名副其實的實驗室之星。這些幼苗並非在土裡培育，而是用凝膠或別種固定介質為基底，裡頭包含一般生長所需要的一切營養物。這等基質有益於幼苗行為研究。一來透明，二來使研究者得以選擇植物接收的養分。若不看本段開頭提到的小小問題，種種基質確實大有貢獻。但在實驗裡，植物根部差不多老是受到強烈光照。如此情境完全背離自然狀態，會壓迫整株植物。培養於凝膠上的根部往往快速成長，動作極大，試著避開擾亂其成長的光源，卻免不了失敗。然而，實驗人員一般將這樣的快速長成歸因於健康狀態。他們的想法是，植物欣欣向榮，才會長出越來越多的根。但實情恰恰相反：根會越長越快，是想要遁逃。有點常識的人都知道，該讓植物的根留在黑暗裡，而非如葉片般承受大量日光。

不過，並非只有植物根部會尋求黑暗。一年之中每到秋季，就連某些植物在地面上的莖葉花果都要「闔上眼睛」。這時，大片落葉林樹葉會脫落。而既然植物的光受體大部分集中於專門行光合作用的葉片器官，林木在樹葉掉落後會發生何事呢？一如動物閉起雙眼那般，林木也會入眠。

在冬季寒冷的氣候帶慣常可見落葉樹種。而在熱帶及亞熱帶，天氣和暖，時有日照，促成生物持續活動，便看不到落葉林，由常綠樹種取而代之。但在溫帶或大陸氣候，酷暑與寒冬交替，植物與動物同受影響。我們都清楚，在冬溫嚴寒的地方，有些動物會冬眠，以撐過食物稀少的嚴冬。要度過艱困冬天，睡眠是極有效率的手段，以致於植物界也採取相同策略。第一波冬寒襲來，落葉林便脫去樹葉而冬眠。畢竟，暴露在外的林葉最不耐寒，在冬季時時刻刻有結凍之虞。植物界這種保護生物免受艱難冬日天候所害的週期性睡眠稱為「生長休止」。但說穿了，和動物界的冬眠半點不差。植物放慢生長週期，「闔上眼睛」，一睡就是整個冬天，然後在春天恢復常態運作，讓花苞與新葉「張眼」。

趁著談到眼睛與視覺，不能不提在上個世紀中葉提出理論使科學社群困惑不已的哈柏蘭特（Gottlieb Haberlandt, 1854-1945）。這位奧地利植物學大師構思出一種自己難以檢驗的假說：植物表皮細胞的作用可比實際鏡片，使植物不只對光線，也對形體相當了解。他假設，植物就像人類運用角膜和眼鏡那般，用表皮細胞來重現外在環境的真實圖像。

嗅覺

哈柏蘭特的有趣理論仍未經實驗檢證。我們或許仍要懷疑，植物縱使的確能感光、有與生俱來的視覺，又是否真能分辨物體外形。但提到嗅覺，儘管說來或許奇怪，我們卻不得不承認植物確實有超級靈敏的「鼻子」。當然，我們說的並非人類那樣的感覺器官：植物並未將感知能力聚集於一處。再者，人只用鼻子嗅聞，植物卻動用到全身。

為了感知氣味，人以鼻子呼吸，使空氣經過排列著化學受器的嗅管，好捕捉其中的分子，產生相對應的神經信號，把嗅覺資訊傳至腦部。植物對氣味的感應則是分散於多點：請想像渾身遍布數百萬小小鼻子。植物由根到葉，是以好幾十億細胞組成。細胞表面通常有受器，會因揮發性物質而觸發一連串信號，和整體組織溝通訊息。不妨把這些受器設想成細胞表面許許多多道鎖，而氣味是許許多多把鑰匙：合適的鑰匙會開啟合適的鎖，進而啟動產生嗅覺資訊的機制。

但植物擁有嗅覺的目的為何？植物利用「氣味」，亦即生物源揮發性有機化合物（biogenic volatile organic compound, BVOC），來持續接收環境資訊，並與同類及昆蟲交流（見第四章「植物與動物的交流」一節）。以迷迭香、羅勒、甘草為例，植物生成的一切氣味等同於精確訊息，或者說：「語彙」！就花草樹木而論，化合物的作用一如實實在在的語言符號，但人類對此所知甚少。可以確定的是，每種化合物會傳遞確切消息，也許是警示危險迫近，也許是用來吸引或逼退昆蟲，不一而足。當然，我們向來清楚，開花植物，或說被子植物[9]會以專有

9 angiosperm，源自希臘文 angeion（「包覆」）及 sperma（「種子」）。

的香氣傳遞訊息給授粉昆蟲。這「私密」訊息的目的單一而明確，並不是要傳給其他植物。但鼠尾草、迷迭香、甘草這類植物既不開花，何以要散發特有香味？我們只能曉得這麼做必定有理由。生成氣味會消耗能量，而沒有一草一木會把能量白白浪費。要由這粗略觀察走到得以篤定詮釋如這樣的植物信息，仍是條漫漫長路。

當下局面，可以和埃及古物學者尚－法蘭索瓦·商博良（Jean-Francois Champollion）一八二二年前的情況相比擬。到了該年，商博良才終於破解埃及象形文字。而我們固然弄明白了對應特定訊息的若干符號（氣味），與植物所散發的揮發性分子總數相比，不過是滄海一粟。此外，學者所發現的一項實情，更使得對氣味的解讀難上加難：信息不必然只與一種揮發性分子有關，反倒會牽扯一整組分子，而每種分子占固定比例。簡單說，就算是花草樹木的「語言」也似乎多音交響，符合非屬個體的植物本質，並非只有一種聲音，而是腔調紛呈，讓一花一樹更為迷人有趣。

有一天，我們可能會發現解碼植物語言的關鍵。在此之前，必須以有限所知為足。能把一些揮發性分子和具體意涵聯繫起來，也算不錯了。例如，許多植物在承受壓力時會製造茉莉酸甲酯，而這種分子傳達的意思很清楚：「我很不舒服。」植物彼此交換的揮發性分子，很多都有相同含義。就算不同種，仍會以同樣的「話語」表達同樣的感受，真是奇妙。當然，這不代表植物的語言定於一尊。相反地，情形彷彿是多元語言系出同源，既有共通的詞意，亦有各自（從而也是各物種）獨有的用法。

回頭談植物在壓力下會製造揮發性分子。舉例來說，不少BVOC會傳遞名副其實的遇難信號。植物所受到的壓迫也許是來自真菌、細菌，以及任何顯著擾亂安穩的生物。又或者出於非生物因素，像是嚴寒、酷熱，土壤和水裡的鹽分或汙染物。無論如何，植物所產生的化合物都有一令人意外的功用：警示同類（甚或自身遠端部位）有危機逼近。

植物會這樣做，其實是為了自衛。請想像有株植物在遭受草食性昆蟲襲擊後，立即釋出分子向同類示警。接著，為了要險中求生，還動用所有可行的防衛手段。第四章「植物與動物的交流」一節，會檢視植物有哪些令人注目的常用禦敵策略。在這裡，我們先舉其中一種：製造分子，使葉片變得讓掠食的昆蟲難以消化，乃至於有毒。廣為人知的例子是，番茄在遭到草食性昆蟲攻擊後，會釋放大量BVOC，就連在好幾公尺外的其他植物，都收得到警訊。

然而，如果植物能運用如此有效的策略，人為何需要殺蟲劑？這些防禦策略的效力又為何不足以驅走所有來襲者？答案很簡單。自然界中的生命存續，是掠食者與獵物相互較勁，不斷重新取得均衡的結果。植物每使出一種抵敵招數，掠食者假以時日總會發展出新手段反制，而植物就得以更為精妙的手法應對。這種精益求精的機制，是演化的主要動力，也使得生物在地球上有可能延續。

味覺

植物和動物的味覺都與嗅覺緊密相關。植物以根部在泥土中探尋化學物質當作食物，而職司味覺的器官實際上便是接收這些物質的受器。過程中，植物和最為高明的美食家一樣擅於品鑑。你聽了這比擬，或許會微微一笑。可試想，植物的根可以辨識出藏於好幾立方公尺泥土中的極微量礦鹽，和能察覺最細碎食材的靈敏舌頭並沒有太大的根本差異。

不過，兩者的確有區別。而事實證明，這項區別往往顯得植物技高一籌。植物在辨析土壤中的微小化學梯度時，根部便展現了遠遠勝過任何動物的味覺！植物的根會持續品辨泥土，找尋「美味」養分，諸如硝酸鹽、磷酸鹽、鉀。就算量很少，也能準確尋得。我們怎麼知道這一點呢？是植物告訴我們的：植物會在礦鹽濃度最高的地方長出更多根來，直到很有效率地吸收完礦鹽，才讓根停止成長。

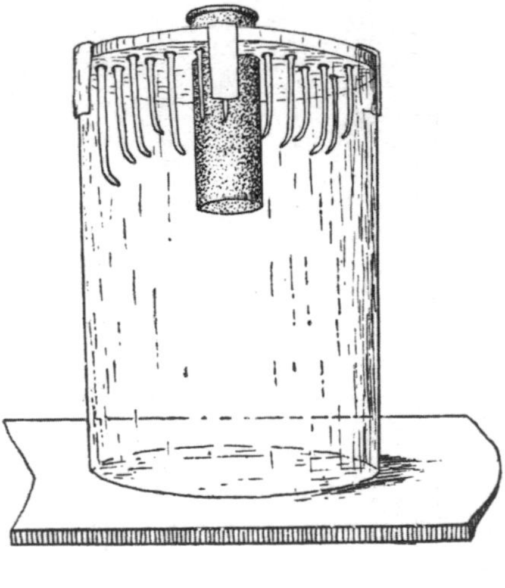

圖3-2　植物往養分源頭扎根。

這一舉動比表面看起來還複雜。植物隨著辨別出化學梯度而生出大量的根，其實是搶先行動，投入能量與資源，以求將來成果。這多少像是礦業公司預期未來會有收益，便先投注大量人力物力開挖新坑道。換句話說，又是智能生物會有的作為。

提到植物職司味覺的部位，我們會直覺地看向土壤。畢竟植物大半養料來源就在裡頭。可是，有多種植物另有攝食之道。這些便是所謂的肉食性植物。接下來我們就要看看，植物學家最早發現的肉食性植物：捕蠅草。

一七六〇年一月二十四日，亞瑟．多布斯（Arthur Dobbs）寫了封信給英國皇家學會（the British Royal Society）會員植物學家彼得．科林森（Peter Collinson, 1694-1768）。多布斯是北卡羅來納的富裕地主，於一七五四年至一七六五年間擔任殖民地總督。他在信中描述，有種令人驚奇的新植物能捕捉蒼蠅，「但是，這植物界的奇觀是非常古怪的新種敏感植物，是矮生植物，葉部像球體扁平切片，共有兩瓣，好比手提包內裡外翻，各瓣會如鐵製獵狐陷阱闔起，邊緣呈鋸齒狀。若遭觸碰，或有物體闖入，葉部就會像捕獸夾一般緊閉，將置身其中的昆蟲或別種物體困住，花朵為白色。我將這出人意表的植物取名為 Sensitiva Acchiappamosche、Fly Trap Sensitive（捕蠅草）。」

科林森將這種神奇植物的第一批樣本寄到歐洲給英國植物學家約翰・埃里斯（John Ellis），而埃里斯為此物種定下了拉丁文學名（*Dionaea muscipula*）。一七六九年，他察覺了該植物屬肉食性，便致信林奈道：「……如所附精確圖解及花葉樣本所示，這植物顯現了大自然對其**滋養**也許另有看法，才會讓上面這節的葉部有如**器械**，可捕獲食物，葉部中央有誘餌，以獵食不走運的昆蟲。有許多紅色腺體覆蓋內層表面，也許能釋放甜味液體，引倒楣的動物前來一嚐。要是動物的腳刺激了這些細嫩部位，葉片雙瓣便會即刻升起，把動物牢牢抓住，而一排排尖刺會閉緊將其擠斃。再者，為免獵物奮力求生直至掙脫，腺體之間近葉瓣中心處，還挺立著三根小刺，能有效讓一切掙扎畫下句點。」

毫無疑問，這種植物會獵捕昆蟲！但林奈不做此想。他排斥埃里斯的結論，反而贊同多布斯最初的評估，將捕蠅草歸類為「敏感植物」，會因觸覺刺激而有不由自主的舉動。

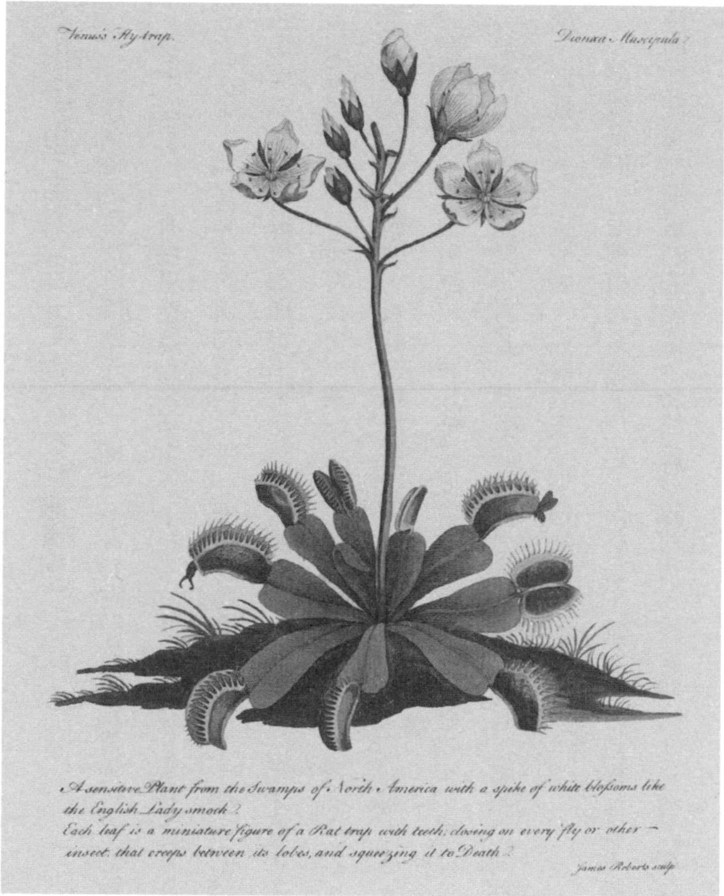

圖3-3　捕蠅草原生於南卡羅來納北方的沼澤。一七六九年九月二十三日，英國博物學家約翰．埃里斯將一封信連同這張圖寄給林奈。信中可見植物學對肉食性植物最早的記載。

對現代人而言，捕蠅草顯而易見能捕捉昆蟲。但林奈將之與一樣會在觸碰下閉起的含羞草視為同種。他與埃里斯的論斷天差地別，後者認為捕蠅草能捕獵動物，前者則將獵捕行為看做是不假思索的反應。

兩名科學家的觀察怎會引來迥然不同的推斷？埃里斯名氣較小，不受通行觀念左右，只是描述所見，並出以合理推論。但林奈正值聲名巔峰，離不開當時整體科學社群的思潮，仍由「自然界秩序」的角度來看待生物間的關係。他所受影響極深，以致於否定證據。試圖使觀察所得遷就理論，不惜扭曲事實。因此，儘管長年進行研究，也有無可反駁的憑證指出捕蠅草會捕殺昆蟲，林奈仍不願斷言捕蠅草具肉食性（從而認定此論符合科學事理），因為這等植物行為實在難以想像。

然而，誰都看得很清楚，捕蠅草似乎真能捕殺某些昆蟲。人如何能貶低這般能耐？那時有很多科學家馳騁想像，要把這事搪塞過去。他們主張，葉片闔起是反射動作（亦即，並非有意取命），而昆蟲若是有心，自能脫出。若未脫身，則是因為過於衰老，或有意求死。在我們來看，這樣的理路很可笑。但彼時的科學社群卻欣然接納，未見猶疑。只要能反駁植物可能以動物為食，什麼樣的說明都行。「食肉植物說」不得不被下放到冒險故事裡。那年頭，這類故事差不多都會提到很厲害的食人樹。

但是，該怎麼解釋捕蠅草從未放出遭捕昆蟲，而總是將之殺死並消化？又該怎樣理解葉片在捉住無滋無味或難以分解的物體後，會隨即再次張開？

要等到達爾文於一八七五年出版《食蟲植物》（*Insectivorous Plants*）一書，科學社群才有了合理答案，也才開始提到「會吃昆蟲的植物」。如此定義固然貼近實情，仍嫌不夠精準。畢竟，到了達爾文的年代，已發現為數可觀的植物能捕食老鼠、蜥蜴一類小動物。而這可很難說是「食蟲」！十九世紀中期，很多植物畫歸為此類的原因，並不是能獵捕昆蟲，而是人們覺得把植物說成「肉食性」太過頭了。縱然已經曉得有很多植物，尤其是某些豬籠草屬，會捕殺小型哺乳類動物，十九世紀末的人依然很難想像真有草能食肉。

話說回來，為何某些植物要以動物為食？理由再度和演化有關。幾百萬年前，在演化出這些物種的潮濕沼澤裡，生物生成蛋白質所必須的氮，不是數量稀少，就是無從取得。植物生長於缺乏氮的地方，就必須找到不涉及根部與土壤的方式，來獲取此重要元素。

這是怎樣辦到的呢？植物會利用在地面上的部位：隨著時間流轉，調整葉片形狀，轉變成陷阱，好捕捉昆蟲這類會移動的「小型氮儲存槽」。而在囚禁並殺死獵物後，將之消化以攝取養分。其實，這正是肉食性植物的決定性特質：產生酵素分解養分，以利葉部吸收，藉此代謝掉所吃的動物。

讓我們看看捕蠅草和豬籠草兩大王牌獵食者的狩獵技巧。和所有厲害的獵人一樣，兩者都由引誘獵物著手。捕蠅草會將相當芬芳、帶有糖分的分泌物排放到如今已成陷阱的葉部，讓昆蟲擋不了誘惑。儘管林奈的成就教人尊敬，我們仍必須提到，捕蠅草並無多餘能量可浪費，不會一以為碰到獵物就把葉片倏然闔起。若是這麼做，有可能會抓到不能吃的物體，甚至讓昆蟲得以在葉部邊緣定住，而後逃脫。相反，捕蠅草會等到狩獵標的恰在葉片中央才行動，避免徒勞無功。

構成死亡陷阱的兩瓣葉片各有三根細毛，用以觸動陷阱緊閉。昆蟲一次觸碰一根細毛，尚不足以啟動陷阱。至少得觸及兩根，間隔不超過二十秒。這時植物才會清楚上門的東西有搞頭，並將葉瓣闔上。受困的昆蟲扭來動去，不斷碰觸細毛，卻只是讓捕蠅草越抓越緊。等獵物一死，動也不動，葉部便漸漸釋放酵素，幾乎將之消化殆盡。陷阱再次開啟後，仍可看到這場動植物大戰遺留下的痕跡：在捕蠅草葉片上找到吃剩下的獵物殼甲，並不是新鮮事。

至於另一類可怕的獵食者，則運用別套戰術。在演化過程中，豬籠草發展出特殊囊狀器官，邊緣灑滿帶有甜味的芳香物質。動物一旦聞香而來，吸吮甜液，便會滑入囊中，逃脫無門。此陷阱囊的內裡極其平滑，在自然界數一數二，乃至於有人加以研究，想要以科技仿造。在陷阱中，動物最終會陷溺於消化液裡，而且由於一再努力要爬出求生，弄得筋疲力竭。這會兒，豬籠草會開始消化獵物，將之化為含養分的泡泡，再緩緩吸收。

豬籠草不僅吃昆蟲，還會吃蜥蜴一類小型爬蟲。就連相當大隻的老鼠也會遭殃。獵物屍骨就積存在陷阱囊底部，既是老舊的戰利品，又能給下一個成為受害者的不幸動物一點含糊的警告。

肉食性植物除了是很有趣的例子，讓人看清植物如何應用味覺，還促使人思索花草樹木的攝食。首先，我們以前受了誤導。這類植物其實不少，已知的起碼有六百種，每一種都使用相異的陷阱和謀畫來捕食形形色色動物。確切地說，肉食性植物比人們過往所想的還多樣，牽扯到數以百計物種。要是把在某些方面間接受益於捕捉昆蟲的植物也計入，數量還會更多。幾年前，科學家仍以為唯有可明確定義為肉食性的植物才有能力消化小型動物，攝取所需營養。但新近研究證實，植物廣泛以動物為養料來源。

拿馬鈴薯、菸草，和甚至更具異國風情的毛泡桐[10]為例。你如果看過這些植物的葉子，也許會留意到上頭時常有小蟲屍體。既然不能消化昆蟲，為何要以葉部分泌帶黏性或毒性的物質來殺蟲呢？

答案很簡單，而且想起來非常有道理。即便難以消化，昆蟲屍體墜落地面後會分解，釋出植物所需的氮。還留在葉子上的，則成為細菌的養料，而細菌所製造的廢棄物含有豐富的氮，很容易為植物吸收。

10 這一種樹源自中國，在歐洲和中國越來越普遍。

於是，縱然很多植物實際上並非肉食性，也會利用動物來使食物攝取更營養、更有變化。用科學術語來說，這些是「原始肉食性植物」（protocarnivores）

花草樹木的攝食，還有其他出人意表的地方。二〇一二年初，一份新研究描述了有種捕食蟲子的植物能使用特別的……地下陷阱。這種紫羅蘭生長於巴西喜拉朵十分乾燥而貧瘠的土地，是以發展出地下葉來捕食常見的小小線蟲：蟲子一靠近葉片就會被黏住，然後遭消化，以有效補足食物攝取中原本不足的氮。這發現很是重要，頭一次有研究提到了地底下的捕獵技巧，而這等技巧或許在其他荒蕪土壤特有的植物身上也找得到。

如前所述，肉食性植物約有六百種。如果加上所謂的原始肉食性植物和可能具備地底捕獵能力的物種，數量便更多了。而我們對植物的食物攝取手段也會刮目相看。

觸覺

兩項簡單提問能幫助我們理解植物有無觸覺：植物能察覺到遭外物觸碰嗎？能有意識地觸碰外物並獲取信息嗎？

在植物界，觸覺和聽覺關係密切，會運用到稱為「機械式感應通道」（mechanosensitive channel）的小小感覺器官。這種器官少量遍布於植物渾身上下，而在直接接觸外界環境的表皮細胞上量最大。植物一觸及物體或遭受震動，這些特殊受器便會啟動。不過，正如缺乏專門感覺器官不代表欠缺相應的感知能力，具有受器也不表示就有對應的知覺，但這是很有力的跡象。

植物會注意到遭碰觸嗎？讓我們從含羞草的行為來找答案。如前所述，林奈將這「敏感」的植物和捕蠅草歸為同類。一旦遭拂觸，含羞草就會閉起葉片，彷彿怯於示人，故而得名。

此舉僅歷時數秒，並非條件反射。舉例來說，葉片不會在遇水或吹風時閉上，需得實際遭觸及才會。所以，這是實實在在的植物行為，可目的教人不解：看上去，明顯是為了防禦，但人們完全不清楚這是要防禦何物。有的認為，葉片忽然闔起，能嚇跑草食性昆蟲。有的猜想，會演化出這能力是要在掠食者眼裡變得較不可口。哪一種推論才正確並不重要。要緊的是，含羞草不僅觸覺極為發達，還能辨別刺激物，甚至於改變行為，在確定刺激物並不危險後，便不再闔上葉片。

第一個察覺到含羞草具備卓越學習能力的是偉大的科學家拉馬克（Jean-Baptiste Lamarck, 1744-1829，「生物學」一詞便是由他所創）。據拉馬克所提，曾經要年輕的合作夥伴德堪多（Augustin Pyramus de Candolle, 1778-1841）以推車載著小株含羞草穿越巴黎街道，事後描述其行為。

德堪多泰然應對拉馬克大師的要求，在推車上載滿小盆含羞草，推著在巴黎四處走來走去。走著走著，他留意到這些「嬌客」的反應出人意料。推車在巴黎路面顛顛簸簸，含羞草起初都閉上葉子，但過不久，就又全張開，「嬌客」們似乎習慣了震盪。

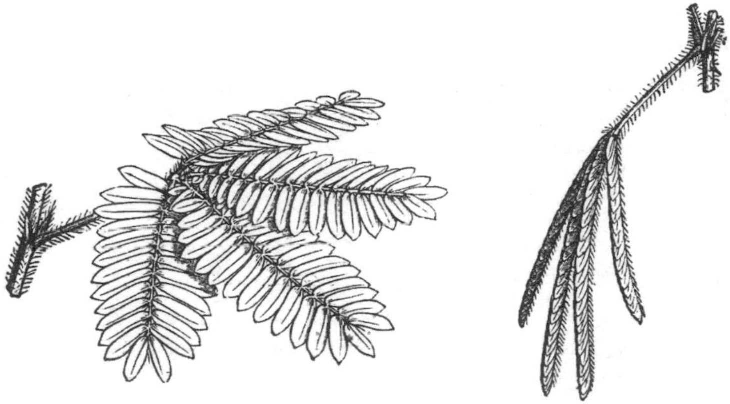

圖3-4 含羞草葉片張開（圖左）、閉起（圖右）。一遭遇確切的觸覺刺激，含羞草就會立即闔上葉片。

讓德堪多訝異的是，這現象的成因很簡單，很快就顯而易見，短短時間內，含羞草便獲悉推車的晃動並無危害，於是張開葉片。畢竟，這時再闔起葉片並無意義，只是浪費能量。

可想而知，要想確認植物有觸覺，觀察含羞草並非唯一途徑。從肉食性的物種也可找到強有力的例子，來證明植物能感知到花葉上發生何事。如前所見，種種肉食性植物的功能有如高妙的陷阱。但陷阱何時會起作用？答案是，只在昆蟲落在葉片上時才有可能。看得出來，肉食性植物能察覺到與物體接觸，還能辨別特定接觸所引發的觸覺刺激。我們知道，除了凶猛的肉食性植物，還有很多植物也有相同能力。不少花朵採用的策略便是在授粉昆蟲來訪時閉起，等到遭困的昆蟲沾滿花粉才將之釋放，而如此舉動，同樣少不了觸覺。現在得問：如果植物看起來確實有被動的觸感能力，可以知曉何時有物體落於身上，又是否有相應的主動能力，得以出於意志觸碰外在之物，從而獲取信息呢？

要找解答，最好先審視一下植物根部的舉動。每種植物有好幾百萬條（有時好幾億條）根，能夠穿透土壤，要嘛移向尋得的水與養分，加以攝取，要嘛避開可能有害的物質。若在靠近水與養分時遭逢阻礙，比如說一顆石頭，那會發生何事呢？生長會受到打斷嗎？會改變預先設定的行進路徑，像是一路向下或向光嗎？絕對不會。

室內實驗顯示，根在「碰觸」阻礙後會繼續生長，並且將之纏起，努力要繞出一條路。執行此重大任務的是根的端點：根尖。本書第五章還會再談根尖其他許多卓越能力，現在只提根尖觸及外物後，會辨別其種類，接著相應行動。這能力相當程度出於本能。要是植物無法感應並繞過障礙，又如何在滿佈岩石的土地生根？

除了根之外，觸覺在其餘部位有何作用？

談到地上的莖葉花果，最好的例子是攀緣植物（和所有長出卷鬚的植物）。例如，豌豆藤。這細緻的小小植物會生出好多靈敏卷鬚，而這些卷鬚在碰到物體的幾秒內就會彎曲，試著將其纏繞。在大量植物身上都能找到這樣的行為：藉由

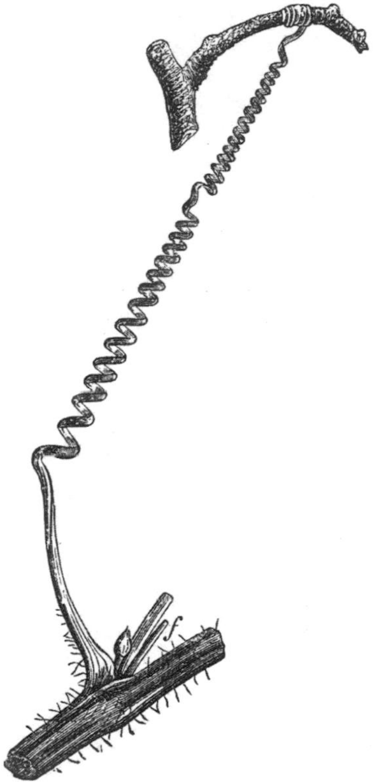

圖3-5 歐洲甜瓜的卷鬚。

碰觸來找到最能支撐其成長的外物，然後依附於上頭。還有例子比這更能顯示植物具有觸覺嗎？

觸覺在植物界大行其道。在有數據可查的四十年來，攀緣植物越來越多，超過具備軀幹的植物。

攀緣植物大多數可見於赤道森林。這會兒，請想像自己是森林中央一株新生植物，身形瘦小，卻面臨「迎向光照」這項艱鉅難關。你在略作思索後認定，得花費好幾年工夫和龐大能量，才能長出夠高的軀幹，照得到陽光。怕了嗎？還有

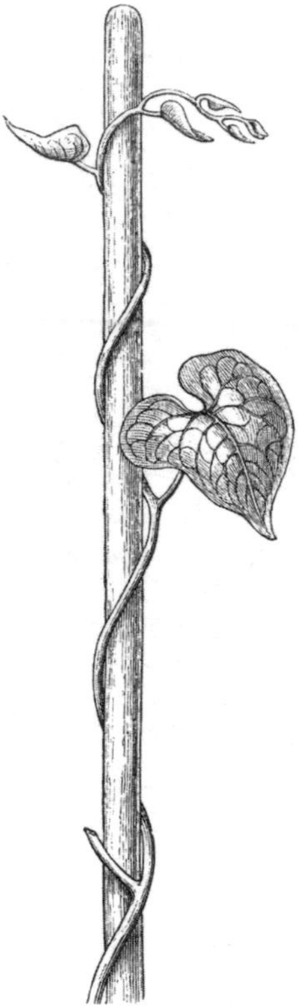

圖3-6　攀緣植物：圓葉牽牛。

另一條路可選：選攀緣植物走的捷徑。攀緣植物是名副其實的懶鬼，想到種種犧牲就受不了，於是抄了條小路，抓住其他草木長得健壯的軀幹，很快就爬至高處受陽光照射，完全沒浪費寶貴能量。這等策略和某些人類行徑差不了多少，你說是吧？

聽覺

現在，來談談植物極為引起爭議，讓全人類浮想聯翩的一種感知能力。植物能聽見我們嗎？若聽得見，那我們該和植物說話嗎？你如果挑戰過自身園藝才情，一定也納悶過這樣的問題。而要是在家裡驗證過，就說不定已有了答案。很多人會說，和花草說話，會讓花草長得更好。而有些人主張，說不說話全無影響。到頭來，兩種說法也許都對。但想了解原因，我們得退一步看事情。

一開始，先描述一下聽覺機制。畢竟，此機制多少定義了人所知的聽覺。耳朵是人類和許多動物的聽覺器官。而我們曉得，聲音其實就是音波，是藉空氣傳導，而為耳垂所捕捉。耳垂接著把音波導向耳膜，其震動讓人得以將音波轉成聲音。耳膜的運動會化為電信號，將訊息沿聽覺神經傳遞至大腦。由此過程可見，聽覺是以空氣為主要媒介。在真空中，不可能傳送音波，人也就什麼都聽不見。

我們都知道，植物並無耳朵。但此一事實不該將我們難住。如前所見，花草樹木無眼而能見，無味蕾而能嚐，無鼻而能嗅，甚且無胃而能消化。既然如此，為何無耳就一定不能聽呢？

在這裡，演化又起了根本的關鍵作用，使植物有別於人類。演化給了人頭部兩側的耳朵，以捕捉由兩邊傳來的音波。而這是因為人和別的許多動物並無二致，都以空氣為主要的音波媒介。但植物卻運用不同的媒介：大地。

植物要如何聆聽外界呢？就和缺乏外耳的動物一樣，方法多得很。蛇、蟲，和其他許多動物都沒耳朵，卻都有聽覺。這怎麼可能？

牠們之所以無耳而能聽，是因為在絕佳的震動導體中演化。這一點，和植物如出一轍。還記得某些電影裡，美國原住民會以耳朵貼著地面，好聆聽遠處的馬蹄聲吧？花草樹木也好，蛇、蟲、鼴鼠一類也罷，都用上了相同技巧。

大地極能傳導震動，讓缺少耳朵的生物也聽得見。多虧了本章前頭談觸覺時提到的機械式感應通道，植物所有細胞都能捕捉音波，而聽覺也是分散於周身，不像人類那樣集中於單一器官。整株植物都能聽見外在聲響，多少像是地面上和地面下的部位全覆蓋著數百萬小小耳朵。聽覺和其餘感知能力沒有兩樣，都是為了因應在環境中求存的迫切需求而演化出來的。說到底，植物最為靈敏的下半身就埋在土裡。

所以，植物和眾多棲息於土中或與泥土有緊密接觸的動物，都不需要發展出耳朵或別種專門的感覺器官，就能聽得很清楚。

我們用一個簡單的例子就能說明機械式感應通道的運作。你去過迪斯可舞廳嗎？如果去過，想必曾感受肚裡因劇烈音波震盪而有回聲。就算有聽力障礙，也能感受這種一般因火力全開的低頻樂音而起的聲響，因為身體會隨音波而震動。不妨想像大地就是全天候營業的迪斯可舞廳，植物接收聲音的方法和本段所述屬於同一類型，但遠為複雜。

好幾年來，室內及野外實驗都試著要證實植物有聽覺機能，可是結果向來頗堪玩味。實驗室的研究人員最近證明了植物在接觸聲音後會利用基因資訊來合成蛋白質等產物。而在野外，義大利蒙達奇諾有位釀酒師與國際植物神經科學實驗室（the International Laboratory for Plant Neurobiology, LINV）合作，並獲在音響科技領域執牛耳的博士公司（Bose）贊助，對著生長中的葡萄藤播放音樂，歷時超過五年，成果讓人驚奇。在有音樂的環境裡長出的葡萄，不僅品質更好、熟成更早、風味更濃、色澤更豔，所含的多酚也更豐富。

不只如此，音樂還會讓昆蟲難辨方向，無法接近葡萄果實。將音樂用於農事，能大幅縮減殺蟲劑用量，也催生了農業生物學十足創新的分支：農業聲生物學（agricultural phonobiology）。二〇一一年，由聯合國所推動的歐（洲）巴（西）永續發展會議（the Euro-Brazilian Sustainable Development Council, EUBRA）把ＬＩＮＶ這項計畫列入未來二十年將改變「綠色經濟」面貌的百項工程。

話說回來，這樣的效果值得大驚小怪嗎？好幾年來，音樂便用於治療中風、癲癇、睡眠失調，而且甚具療效。此外，還有助於放鬆心情和課業學習，能使人振奮、感動，或喜或怒。以古典樂而言，就連牛都好像很喜歡聽，以致於在日本，成了豢養知名神戶牛時必不可少的要素。至於現代樂，每位參賽個人項目的運動員都曉得，特別安排過的播放清單比藥品還有效。這也是為什麼紐約馬拉松等國際賽事都禁止戴耳機。可儘管使用音樂的成果很具說服力，也獲得植物實驗佐證，我們仍未完全了解音樂是如何產生這等效用。顯然，植物無法辨別音樂種類，更別提會有所偏好。

必須說明白的是，影響植物發育的並非樂種，而是音頻。特定音頻，尤其是一百至五百赫茲間的低音，能促進萌芽、生長，以及根部的強化。而較高的頻率則會起抑制作用。

科學家晚近研究植物地下部位時證實，根部能感應的音波震動範圍，遠遠大於其餘部位，而這些震動會依據根部的向聲性[11]來左右其生長方向。是以，根部也能聽見並識別音頻，並隨著覺察到的震動類型有別，決定是要移向或遠離音

11 phonotropism，源自希臘文 phono（「聲音」）和 trepein（「轉動」）。

源。我們還不清楚，根部能感知震動，對植物有何作用，但學者的初步猜測很能引人聯想，值得一提。

幾年前，學界還認為，植物固然能藉由土壤傳導的震動來獲取訊息，卻因為無從發出聲響，難以和自身各部位溝通信息。但二〇一二年義大利有份研究顯示，雖然此中機制尚待釐清，植物的根確實能產生聲音。

研究人員將這聲音暫時稱作「喀嗒」，理由是聽起來就像物體喀嗒一響，很有特色。這些細微喀嗒聲的成因多半是細胞壁——由纖維素組成，並不堅固——在細胞成長期間破裂。縱然不是植物刻意為之，卻極為重要。可以說，此發現開啟了植物交流的新局面：植物的根能散發、感知聲音，而這似乎暗示著科學家前此未知的地下傳訊管道。

再者，一些發表於二〇一二年的研究指出，植物的根會顯露群居生物特有的組織化行為。個別植物的根系（root system）會彼此溝通，以便有效率地探索土壤，進而引導生長方向。對不能更動位置，而且可用空間有限的生物來說，這真是一大福音！本書第五章會再多談一點根系的群體行為。

若能有新發現證實根部能利用聲音來互通訊息，我們對一草一木又會徹底改觀。

還有十五種其他的感知機能

讀到這裡，我們曉得植物有與人相近的五感：視覺、嗅覺、味覺、觸覺、聽覺。從官能的角度來看，彷彿植物和人很相像，絕非天生有所不及。但實情並非如此。植物遠比人靈敏，起碼多出十五種感覺機能！

有些機能的成因很好猜。以下先舉一例。植物能準確衡量土壤濕度；即便相隔甚遠，仍能找出水源。此中運用到了某種「濕度計」[12]，能有效察覺泥土含水量及水源所在。不難想像花草樹木何以具備此種能力，儘管就我們這種能動的生物來看，能不能感應濕度沒那麼重要。植物還有其他卓越能力。例如，能夠感知

12 hygrometer，源自希臘文 hygros（「濕度」）及 metrcn（「衡量」）。

會影響生長的地心引力和電磁場，還能衡量空氣中或土壤裡的眾多化學梯度。

這種種感覺機能，有的繫於根部，有的繫於葉部，還有的遍布周身。而這位於各處的「綠色分析室」複雜精密，令人稱奇。更確切地說，植物能辨析有益或有害生長的微量化學物質所在，即便這些物質在根部好幾公尺外。人類鼻子的發展程度低得多了！根部會感應並朝向養分的位置生長，直到觸及後將其吸收為止。若察覺對動物界和植物界都有危害的汙染物或化合物，像是鉛、鎘、鉻，則會盡量遠避。遺憾的是，研究人員發現，這類汙染物在土壤中越來越多。

近百年來，人類早就觀察到前述植物機能並加以細密分析，但從來不曾由植物感知機能這正確角度著手。理由很簡單，就算在今天，人類文化仍不把花草樹木視為有感有知的生物，只當成是消極被動、全無感覺，欠缺動物獨有的一切特質。人類對植物界的評估如此之低，植物界卻不為所動，依然以各種機能提供人類多樣的無價協助。

如前所述，植物不只能合成上萬種分子，讓人類用於製藥，還能製造氧氣，並供應建築房舍時最常使用的木料。甚至還生產能源（石化燃料），維繫人類社

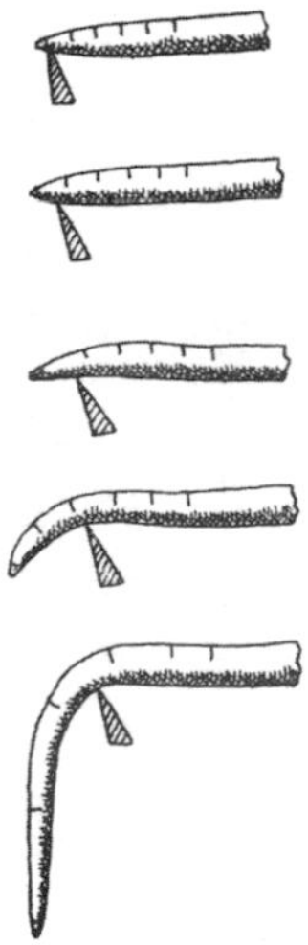

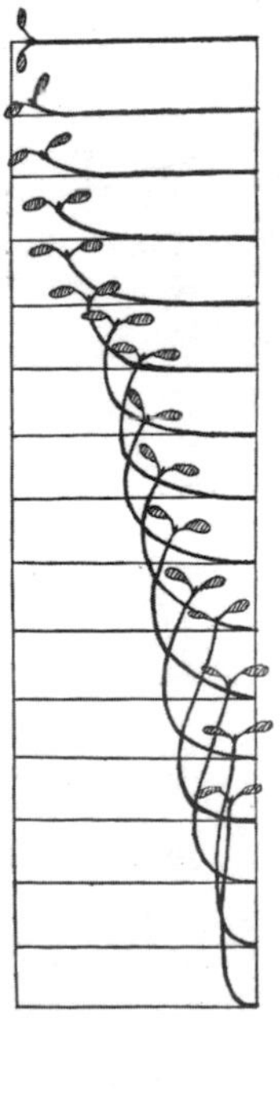

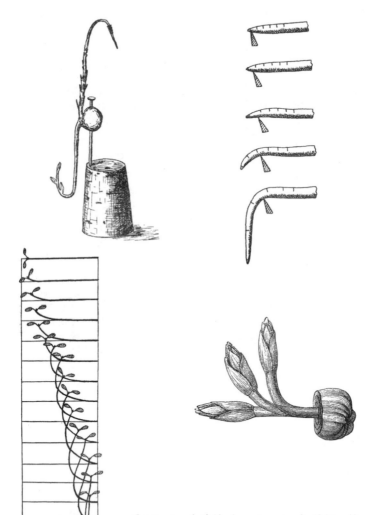

圖3-7a-d　向地性（gravitropism）圖例。植物能感知地心引力的方向。根部會順從引力之勢，枝和莖則反向生長。

會好幾世紀以來的科技進展。諸如此類的貢獻為人類所不可或缺，而這還沒考量到，人類要去除地球汙染，其實也只能仰賴植物。

例如，塑膠工業所用的三氯乙烯大幅汙染了工業國家的潛在水資源，使得這些水不適合人類使用。這有機溶劑幾乎無從消除，經歷上萬年後仍維持原有結構，宛然一隻危險的劇毒怪物。但植物卻能安全吸收三氯乙烯，轉化為氯氣、二氧化碳和水。簡單說，將之分解。

這類汙染物對人類的危害最大，而這一般來說是咎由自取。植物卻能化消某些汙染毒害，使土壤與水重歸潔淨。在科學家所說的「植物修復」（phytoremediation）領域裡，有多種正在開發的再生技術便運用了植物這項優異能力。這樣的生物科技看起來在經濟面與技術面大有可為，能解決土壤再生的難題，但目前仍處於初步發展。

就這一點而論，按照人類任憑植物絕種的速度，天曉得有多少可行之道說不定還沒發現就消失，天曉得人們原本有可能避免衝擊環境，並以適中的花費有效還地球本來面目。

第四章

植物內部的溝通

植物會利用同類與某些動物形成的資訊網絡來探索外界，也知道怎樣獲取其他物種的幫助。而既然難以更動所處位置，在必須抵禦草食性掠食者時尤其得這麼做。至於在環境中的繁衍傳播，自然也能尋得協助。

請想像在某顆行星，植物學到了如何溝通。在這假想天地，花草樹木能交流訊息，甚至讓動物（包括最為複雜的人類）了解其所思所想。在這顆星球，植物學會「說」動物的「語言」，還能爭來所需協助，相當有說服他者的本事。

植物會利用同類與某些動物形成的資訊網絡來探索外界，也知道怎樣獲取其他物種的幫助及必要的干涉。而既然難以更動所處位置，在必須抵禦草食性掠食者時尤其得這麼做。至於在環境中的繁衍傳播，自然也能尋得協助。

你能想像，如植物這般人類所知最為沉靜、消極、難以自保的生物，竟能影響，甚至或多或少協調動物的生活，從微小至極的根蟲到繁複無比的人類都難以置身事外嗎？這樣的世界老早就存在了：歡迎光臨地球。

植物內部的溝通

有誰在嗎？

植物內部有溝通可言嗎？首先，讓我們換個方式提問：擁有溝通能力，對植物有怎樣的幫助？試著解答問題，有助於理解根部與葉部的雙向溝通機能。

植物以感覺機能擷取環境訊息，還能計量數十種參數、處理大量資料，以便適應世界。但是，生物畢竟有別於電腦，收集無盡的資訊遠不如實際應用來得重要。

例如，要是根部察覺土壤中再無水分，或者葉部受草食性動物襲擊，植物會如何因應呢？在這等情境，似乎有必要通知其餘部位。可以說，此時若延誤了資訊傳遞，就可能損及全體存續。這等訊息的傳送，確實必不可少，但我們真能說這是溝通嗎？

為求解答，得先定義此處所指「溝通」為何。這個詞的意思，人人清楚。可有時候，重新定義字詞會很有幫助，能確保每個人的用法一致。就算常用字彙也是如此。「溝通」一詞極為常見的解釋是信息由傳遞端發送給接收端。「信息」、「傳遞端」、「接收端」也就成了三項構成要素。這基礎模式完全沒提到傳遞端與接收端必須分屬於不同生物。其實，人類和其他每種生物的身體運作都清楚顯示，同一生物的相異部位確實能溝通。舉例來說，人踢到東西會覺得痛，是腳向大腦傳送信息的結果。同理，摸到柔軟的東西要能感到愉悅，少不了得將觸覺刺激由手傳至腦部。顯然，任何動物的各個部位都能傳遞訊息。

訊息傳遞對所有生物都至關緊要。人類因此才得以避免危難、累積經驗、了解自身與環境。上天有什麼原因不賦予一草一木這簡單的機制呢？難道是因為草木無腦嗎？其實，沒理由不具有腦部的生物就沒能力在體內傳送信息。老實說，我們接下來很快會看到，花草樹木的溝通本領厲害得很。的確，有些技術障礙讓植物看起來似乎無法傳訊。植物並不具備動物身體裡一般用來從末梢傳遞電信號至中央系統的生理結構。換句話說，並不具備神經。然而，如前所述，傳送訊息對植物和動物同等重要，也同樣迫切。不管是來自根部或葉部的信息，都必須迅速遞送，才能確保整體生存。

植物的維管系統

植物運用電信號、液壓信號和化學信號將信息由一部位傳至另一部位，於是具備三套有時會互補的獨立系統。三套系統涵蓋短程及長程通信，能聯繫同株植物內相距僅數公釐或遠達幾十公尺的部位。接下來，我們會簡短檢視一下各系統如何運作。

首先是極為常用的電信號系統。實際上，這和動物及人類身體裡的電系統是同一回事，只不過多多少少有些植物專屬的調整。例如前面提過，植物並無神經，而動物為了傳導神經脈衝，必須以神經組織傳送電信號。這一點看起來是個大麻煩：少了用來居間傳遞的神經組織，電信號何去何從？但植物找到了很有用的解決之道：短途傳送時，讓信號由細胞壁的簡單孔道「胞間連絲」[13]出入；若是長途，比如由根部至葉部，則利用好比血管組織的維管系統。

什麼？花草樹木沒有心臟，卻有可比血管的維管？是的，植物就和動物一樣有液壓系統，首要用途是將物質由體內一點移動至另一點。其作用和一套真正的血管系統差相彷彿，和人的那套極為相似，只是缺了個中央幫浦（亦即，缺少心臟，而這是為了配合我們先前說的，植物必須避免發展出獨特器官）。因此，植

13 plasmodesmata，源自希臘文 plasma（「結構」）及 desma（「聯繫」）。

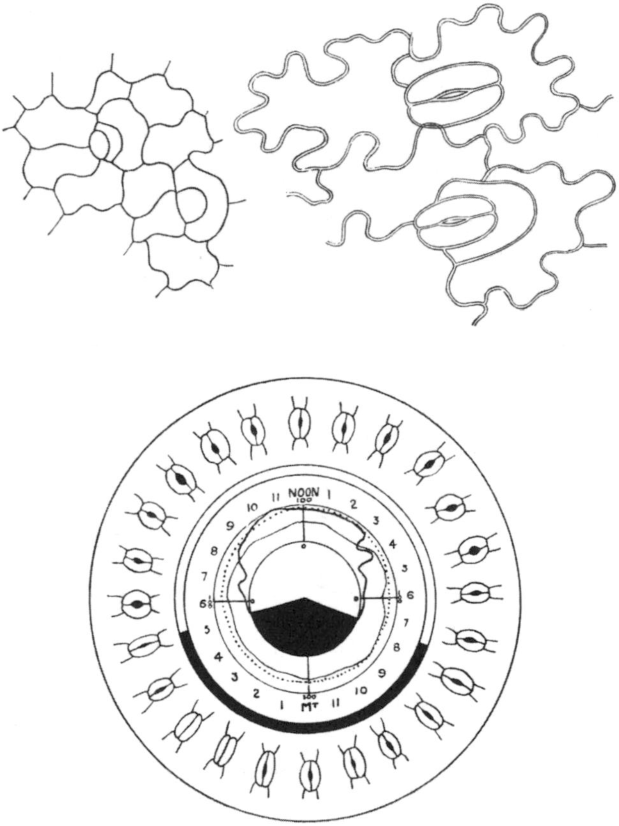

圖4-1　氣孔結構圖例（圖上）。葉片藉這些小孔洞攝取光合作用所需的二氧化碳，並散發水蒸氣。在正常情況下，氣孔的開闔週期（圖下）受光照有無與強弱控制。

物有套循環裝置，將汁液由底部傳至冠部，或由冠部傳至底部：這形似動脈與靜脈的體系，分為木質部[14]與韌皮部[15]兩大組織。前者幾經演化調節，主要是將水、礦鹽及其他物質由根往上傳導至頂端，而後者是把光合作用生成的糖由反方向傳至果實與根。

想想以下情況，如此循環的目的便昭然可見：根部所吸收的水分會在葉部由於蒸散作用而大量損失，必須時時補充。同時，光合作用所產生的糖是植物主要的能量，必須由生產處（葉片）不斷運往其餘部位。

藉由這繁複的維管系統，電信號的流通又快又平順，猶如處於裝滿傳導液的管路。試想，如果是透過化學物質傳遞信號則耗時極長。但依現況，由根傳遞至葉需時甚短，能迅速傳送緊急信息，如土壤含水量。這麼一來，葉部對水分多寡有了充分認知，就能相應調整。

14 xylem，源自希臘文 xulon（「木頭」）。
15 phloem，源自希臘文 phloios（「厚皮」）。

氣孔

在談具體事例之前，先看通常位於葉片底面的特殊結構「氣孔」[16]有何作用。這些小孔洞讓植物的內裡與表面能傳訊，與人體皮膚的毛孔十分相似。每一氣孔受兩個「保衛細胞」管控，而保衛細胞會依植物所含水分與所受光照使氣孔張開或闔起。

氣孔的任務比看上去還複雜。其實，要協調植物的各種要求，一點也不容易。一方面，光合作用需要的二氧化碳由氣孔而入，於是，至少在日間保持氣孔開啟看起來對植物萬分有利。另一方面，氣孔打開時，植物會因蒸散作用而喪失大量水分。

每種植物都得面對實實在在的兩難之境：即便會大幅損失水分，仍維持氣孔張開，藉光合作用生成維生所需的糖。或者，閉起氣孔，保存需要的水分，放棄光合作用。這麻煩無比棘手，而為了理解植物何以能有正確抉擇，人們還一度援引「集體動力」、「衍生性分散式計算」等概念，儘管套用到植物上有些不相稱。

不論植物怎麼做，能確定的是會在生產糖與不損失水兩個迫切需求間折衷。畢竟兩者都是生存所必需。現在來看一個例子。夏季日光強烈，對光合作用和太陽能板都同樣寶貴。不過，後者是光照越多，製造的能量也越多。但植物得考量的不只有光照，還有儲水。這也是為什麼在日正當中最熱的時候，植物會闔上氣孔，置光合作用大好良機於不顧。這種做法，能保護自身免於失水過度。

請想像有一棵樹（比如橡樹或很高的紅杉）的根忽然留意到土壤含水量不足。這會兒，非把此事傳達給葉片不可。要是氣孔仍然張開，持續蒸散水分，這棵樹要不了多久就會沒命。天大危機在前，為求活命，必須火速傳訊。

為了加快速度，植物首先選擇利用電信號，而電信號也很快抵達葉部，使得氣孔闔起。與此同時，化學／賀爾蒙訊號也沿維管系統行進，但花了更長時間才到達目的地。這些訊號的移動方式和人體血管系統的化學分子和賀爾蒙一樣，只

---

16 stomata，源自希臘文 stoma（「口」、「孔洞」）。

不過是藉助營養液而非血液傳輸。在假想的大樹裡，這一趟得花好多天！但是，化學／賀爾蒙訊號傳至葉片後，能確保葉片獲得更完整的資訊。

有什麼地方在漏啊！

液壓（維管）系統在傳遞另一種訊息時也很有用。請把植物想像成封閉體系。你曾經將花朵的枝葉或是莖折斷（或者拿刀子一切），然後注意到有液體自斷口流出嗎？組織結構忽然受損，會導致株體內液壓不足，而這向整株花傳達了一項簡單而重要的訊息：留神！有什麼地方在滲漏！花朵收到警訊後，會立即搜尋受損處，並使破口結疤。

由以上說明可知，植物內部的三套信號系統相輔相成，能將多種信息長途及短途傳遞，而每種訊息都有功於整體生存及均衡。由這角度來看，植物同樣與人類相去不遠。

然而，縱使有種種相似處，植物內部通信管道的架構卻有別於動物。動物的腦部占核心地位，全部信息都傳至此處。植物則因為由反覆出現的模組構成，有眾多「資料處理中心」可供使用，應對訊號的方式大有區別。

人類無法將訊息由腳傳至手或嘴巴。所有訊息幾無例外得由大腦處理。可是，植物不只能由根傳信至冠部、由冠部傳至根，還能由一根一葉傳訊至另一根另一葉。這代表智能遍布於周身！欠缺中央處理中心，意味著植物體內的資訊不必老是由相同路徑傳送，而是能快速、有效率地傳至需要的地方。

植物間的交流

植物語言

我們在討論植物的感知能力時，已談到花草樹木會以實實在在的「語言」來溝通。這一套語言由釋放至空氣或水的上千種化學分子構成，內含各式各樣資訊（見第三章）。植物偏好藉此往來，一如人類偏愛以發聲交流。不過，我們也以手勢、表情和身體語言互換訊息。儘管各物種情況有異，這種溝通系統仍為許多動物所共有，尤其是高等動物。

那植物呢？其實，植物也能透過接觸，或者依近鄰的狀況相應調整姿勢，來應對彼此。前者常常用到根部，有時也會利用地面上的部位。後者則如相互競爭的植物在「逃離蔭蔽」時以相異姿態因應對手，努力要贏得光照。

我們還能以「樹冠的羞怯」（Crown Shyness）為例，看看植物怎樣藉助姿勢來交流。此現象並不見於所有樹種，最初是由出生於一九三八年的法國植物學家法蘭西斯．阿里（Francis Hallé）定名，意指有些樹即便長得距離很近，仍往往避免觸及各自冠部。通常，樹木絲毫不怯於使冠部交纏。不過，僅舉最常見的來說，山毛櫸科、松科、桃金孃科的某些樹便相當含蓄，不喜歡這般相混。只要走進松林中抬頭一看，就可看見樹冠從未兩兩相觸，而是為自身與鄰居留下少許空間，免除了我們可以假定會造成雙方不快的來往。雖然成因及機制並不明朗，這等「羞怯」暗示了樹冠會彼此示意自己的存在，並且同意裂土而治，各享空氣與光照，以免相互干擾。

植物能認得親族

植物有多種層次的互動，並藉由互動展示了各各有別的個性。有些種類的植物是不是或多或少較為好勝、較思進取、較喜合作、較感羞澀？當然。但全貌不止於此。植物與動物的相似處在結構層面雖不多，於行為層面倒很充足。而這應不教人意外，所有生物都有相同的基本目標，達成目標的手段想必也不無類似。然則，縱使動植物的行為確實相像，我們似乎不得不排除「家族」這項類別。植物確實無家族可言。同種動物相關聯的個體間會有的牽繫，在植物中完全不可得見。沒錯吧？

人們不認為能在植物界裡印證「親族」、「氏族」一類概念。這些概念往往和演化程度極高的物種相連繫，例如人類和其他高等動物，但肯定於植物無涉。可是……植物絕對能認得親族，而且一般對親族比對不熟識者友善。要明白植物何以發展出這項能力，我們得自問此一特質有何用途。這樣的提問很是得當，因為大自然中沒有能力會無端而生。親族識別也是如此。能夠認出與己身基因極為相似的個體，對所有物種都很重要，能帶來演化、行為、生態的重大契機。例如，具備這種能力的生物更能管控領土、抵禦外敵，不至於與同族相抗而虛耗能量。此外，還可以防止近親生殖。而最要緊的是，能因基因甚是相像的個體有所成就而間接獲益。

想完全理解種種好處，就不能忘記，生物在自然界的主要目的是確保基因承繼，也就是說，得保護自身與父母、兄弟、姊妹、子女等近親。與近親競爭是糟蹋能量，遠不如通力合作，克服險阻，把基因傳給下一代！由此觀之，能辨別親族是一大長處。但我們真能確定，植物會依基因親緣有別，而對同類有不同的對待嗎？

在動物界，此辨識過程會動用到視覺、聽覺、嗅覺，有些情況甚至包括味覺。植物則是藉由相互傳遞根部（或許還有葉部）釋出的化學訊號。不過，當前研究還不能確指葉部的作用。

前面提過，植物靜止不動。而這一點之所以值得重提，是因為植物與動物的主要區別便在於此。植物不能離開出生處，也就顯而易見演化成固守一地的生物，而且捍衛領土之能勢必得比任何動物具備的還強大。花草樹木是凶猛的鬥士，而原因不難想見。動物若相對居於劣勢，總是能遁居他處。但植物欲遁無路，必須安於與共存於同一區域，有時甚至與相距僅只幾公分的生物分享環境資源。不過，這不表示簡簡單單接納他物，而是恰恰相反，代表得不停捍衛自身空間，防禦一切入侵。為了保疆衛土，植物會把許多能量投注於地面下的部位，透過生長出大量的根來占據土壤，有如軍隊向鄰國宣示主權。然則，植物的反應並非一成不變。如果鄰近的植物屬於同族，因而沾上了親，就沒有必要競爭，根的數量也會維持最小，使地面上的部位能夠得益。

二〇〇七年，一份簡單而重要的研究闡明了這種親族行為。該實驗將系出同株的三十粒種子植於同一盆，將來源各異的三十粒種子植於條件相當的另一盆。學者在觀察了兩盆幼小樣本的成長後，察覺到以往認為只存於動物體內的數種演化機制。一如預期，論根部數目，源自相異親株的三十株植物遙遙領先，企圖主導地盤，使己身得享充足食物與水分，犧牲其餘植物的利益。出於同一親株的三十株植物雖然也發覺自他共生於受限的空間，產生的根卻少得多，有利於地面上的部位茁壯。在這情境中，學者看到的行為並無相互爭奪，與基因相近有關。這是項基礎而重大的發現。更遠為複雜的評估取代了傳統觀點，將基因親緣等不同因素列入考量。原來，植物並非重複採取刻板機制（附近一有同類，就等於有必要保衛並爭逐勢力範圍）。在攻守之前，會先摸清潛在對手的底。若是覺察到雙方基因很相似，便會選擇合作而非競爭。

自私或利他：何者較有用？

就演化而論，何種行為的獲益最大？是我們所說的「自私」，還是「利他」？答案猶在未定之天。學者建構了無數的模擬與模型，卻從來不認為其中有哪一種適用於植物界。他們之所以在發現植物對親族採取利他行為後會大受啟發，是因為這項發現開啟了兩種翻天覆地的可能情境：要嘛植物的演化程度比我們所想的高得多，要嘛利他與合作實際上是原始的生存形態，但人類一直以來卻以為支配原始生存形態的是純然的競爭，而且強者得勝。無論如何，兩株植物以根部往來之舉，在演化上就有了確切的目標：分辨敵友，區隔陌生他者與親族。

現在，繼續來談植物根部的行為（在下一章，我們會詳細檢視其特殊能力）。看起來，花草樹木的根能交流的對象不只有其他植物，還有所謂「根圈」[17]中的一切生物。根圈是根所觸及的土壤，寄宿了眾多其他樣態的生命。人很常將土壤誤解成毫無生機的基質。但實情與此相反。土壤中生氣勃勃，密布生物。各種微生物、細菌、真菌、昆蟲形成了特別的生態棲域（ecological niche），而此棲域因為與植物往來協力而保持均衡。

極為常見的一項例子是「菌根」[18]——我們常吃或常在樹林中見到的真菌的營養生長部位（vegetative part）——和許多種類植物在下層土（subsoil）的特殊共生形態。在某些事例中，真菌會長出袖狀組織環繞植物，並穿透進植物細胞。這種共生關係對雙方都有益處，於是稱作「互利」：真菌向植物的根提供礦物質（包括一向很難由土壤尋得充足分量的磷），藉以換得植物行光合作用生成的糖

---

17 rhizosphere，源自希臘文 rhiza（「根」）及 sphaira（「領域」）。

18 mycorrhizae，源自希臘文 mykes（「真菌」）及 rhiza（「根」）。

做為能源。

可是，這看似便利的關係卻有出人意料的粗蠻情況。麻煩在於，並非所有真菌都有意協力分工、和平共存。不少真菌是病原體，會依附於植物根部以獲取養分，並連帶將其摧毀。是以，植物必須要能分辨何種真菌試圖與其接觸，然後有所應對。可是，要怎樣辨識敵友呢？想辨認是敵是友，就得靠實實在在的化學「對話」，相互遞送信號以釐清各自意圖。若發覺對方圖謀不軌，便鼓起敵意。反之，若經合宜自介，認明來者是懷抱善意的菌根菌，就會允許雙方共生，建立一段對彼此都大有用處的來往。

與細菌為友

由豆科植物與固氮菌（nitrogen-fixing bacteria）的往來，也可看出奠基於植物交流的互利共生。固氮菌等少數幾類微生物有項能力對生物極具用處：固定大氣中的氮，破壞氮氣緊密的分子鍵，將氮轉化為氨。

使土壤肥沃的主要元素是氮，而這也是為什麼很多肥料都以氮化合物為基底。不過，儘管人呼吸的空氣中有百分之八十是氮氣，惰性的氮氣卻無法為植物或其餘生物所用——但固氮菌等有限微生物除外。如前段所述，這些細菌能將氮氣轉變成氨等形式的氮，容易為植物攝取。論功效，可以說是天然肥料！而細菌所得的回報是，植物根部之內成了理想的生長環境，蘊含充足的糖——於此又可見互惠事例，而且同樣是以溝通與辨識為本。其實，細菌並非全都受植物歡迎；有很多是病原體，會遭植物架起屏障，不得其門而入。在受到歡迎之前，固氮菌得先與植物的根開展漫長而複雜的化學對話。如此「對談」，必定以細菌釋出宛如通關密碼的結瘤因子為開端。而辨明結瘤因子，便是植物准許細菌自由進入根部的第一步。

諸如此類的共生事例都仰賴共生體（symbionts）[19]緊密交流。若非生物間的合作行之久遠，也不可能成事。實際上，這種種現象並非只限於植物界與低等生物。相反地，有些共生關係根深柢固，極為重要，是人類生活的基礎。

---

19 意指形成共生關係的雙方。就前兩段的舉例而論即是豆科植物與固氮菌。

以下來看一個例子。粒線體是人類細胞（或者該說是所有動植物細胞）的能量中心。我們難以想像，少了各細胞中的這些胞器，地球上如何能有高等生物出現。話說，新近的研究暗示，粒線體也是因共生關係而成。此例中的共生體是細胞和具備強力氧化代謝（亦即可產生能量）的原始細菌。在這段互利往來中，細菌向細胞供應能量，而獲取一切維生所需為報酬。事情進展到某個地步，細菌便併入細胞之內。「粒線體源於共生」這項理論有大量佐證。首先，粒線體展現了細菌所具備的許多特點，例如，兩者的膜甚為相似。再者，粒線體與細菌都具有封閉、環狀、雙股螺旋的去氧核醣核酸。最後也最要緊的證據是，生物無法管控體內粒線體與細菌的增殖，只能聽其自主。有好幾份研究已闡明了這些曾有共生關係的細胞對於複雜生命形態的演化起了根本的重大作用。

因此，共生關係是地球上一切生命樣態的基礎，為人類的生存扎下根柢。人如果能學會怎樣引導某些共生關係，就能有可觀的成果。例如，要是可以將植物與固氮菌的互利共生轉移至全體食用作物，就能自此改變農業樣貌。

試想：不再施灑氮肥，不再汙染土壤、地下水、河流、海洋，亞得理亞海不再有海藻蔓生。取而代之的是作物產量提升，更有可能在餵養世人的同時不破壞地球——我們夠聰明的話，就該為此等夢想投入心血，讓學者研究更見成效。畢竟，為了避免災難苦果，有必要讓美夢盡速成真。

二戰結束迄今，作物與土壤的產能持續攀高，而這多半得歸功於一九六〇年代所謂的綠色革命。這重大的農業現代化歷程除了運用化學肥料，還培育更具生產力及抵抗力的新型植物品種，導向了新耕地開墾以及既有耕地產量上升。

然而，這產能的向上趨勢如今已遭打斷。六十年來首見的情況是，耕地數量不僅未見增加，實際上還因氣候變遷而減少，全球人口卻不斷攀升。

我們該怎麼餵飽自己？未來幾十年，一大要務是開創新的「綠色革命」，發展出能重新提振作物產能，並且使環境永續的體系。這正是為什麼將植物與固氮菌的共生現象延展至全體作物有可能帶來真正的突破。而植物的溝通能力將有助於使全世界的人不致挨餓！

植物與動物的交流

郵件與電信

套用商界說法，植物的「內部溝通」很有效率。但植物要怎樣與外界傳訊呢？

植物不能離開出生地，需要助力方可與外界授受信息及花粉、種子等微小物體，於是採用了某種傳信體系。充當信使的，有時是空氣，有時是水，但最頻繁的是動物，特別是在涉及禦敵、繁殖等細緻運作的時候。拿人來做比方，有誰會用瓶子或紙飛機來傳遞敏感訊息嗎？利用動物傳訊會好得多（想想，好幾世紀以來人類便為此而運用信鴿）。但是，植物要怎麼說服昆蟲與其他動物擔任信息快遞呢？

稍後，本章於「誠信與無良的植物」一節會詳談植物怎樣交配、怎樣說服動物助其授粉與傳播。但在談多樣的繁衍方式前，先來看看植物在哪些別的情況會尋求動物協助。我們從「防禦」這最普遍的一項開始。

救命！請派援軍！（奠基於溝通的植物防衛系統）

假設有隻昆蟲停在植物的葉片上吃了起來。植物在注意到受襲後會隨即施展防衛策略。首先是辨識來襲的昆蟲，唯有認清遭遇何物襲擊，才能適切抵禦。

最常見的是，植物會使用化學武器，亦即製造特殊物質使葉片不合草食性獵食者胃口，或者無從消化，乃至於有毒。為免虛耗寶貴能量，只有在遭襲處及相鄰的葉子裡才會生成這些用於嚇阻來敵的物質。這是預期到開頭的舉動也許足夠使昆蟲打消念頭。若能有局部解決之道，何必動用全身資源？

植物每一項抉擇都依據此類盤算，要以最少量的資源來化消麻煩。而實際上，這樣的估算和相關策略常能奏效。回到前段的假想情境，昆蟲吃了一兩片葉子後，就會對新口味生厭，轉往下一株花草。退敵成功！

接著，植物會長出新葉，很容易就能修補所受的小小損失，不會因此而大受影響。如前所述，植物具備模組化構造，就算有一大部分遭移除，也不致損及功能與存續。在我們設想的例子裡，植物遭逢侵襲後淡然以對——幾乎稱得上未受損害。

不過，如果昆蟲繼續吃著葉子，不嫌滋味糟糕，或是其他生物覓食尋訪而來，想要飽餐一頓，植物就不得不採取更激烈的手段。在某些事例中，植物會在所有葉面產生嚇阻性的化學物質，並且朝空中釋出揮發性化學信號，警示附近的同類也比照辦理。而在別的事例，植物則會選擇……請求援軍！

敵人的敵人就是朋友

日復一日，植物與草食性生物的存亡之戰打了四億年仍未止息。毫無疑問，後者最重要的群體是昆蟲，而前者對昆蟲而言，除了是極其多樣的棲息地及生態棲域，還顯然是一整堆食物。如此無盡對抗會施加選擇上的壓力，形塑植物與昆蟲的演化，並管控兩者的時空分布。

為了應付昆蟲的攻擊及隨之而起的損傷，植物開展出一系列連貫的防禦策略。但昆蟲也沒閒著，同樣日新又新，想出更有效的進攻方案。這好比是無止無休的軍備競賽，導致了植物與草食性生物相偕演化。天生敵對的雙方幾經交戰，對彼此十分了解。

你有沒有在什麼地方，比方說萵苣的包裝上頭，看過一行字寫著「以病蟲害整合管理法生產」？這表示菜農在耕種時降低殺蟲劑用量，而在菜園中引入害蟲天敵，來對抗一般會侵襲這些綠色蔬菜的草食性昆蟲。他們不靠噴灑殺蟲劑，而是倚賴害蟲天敵來捕食吞吃菜蔬的昆蟲，或者至少讓昆蟲無暇危害農作。這招十分高明，卻不易掌控，畢竟還得維持昆蟲數量的均衡。一言以蔽之，農人的做法是「敵人的敵人就是朋友」。

許多植物也正是以此招自衛：生成揮發性的化學物質向敵人之敵請求支援，事成之後有所回報。此舉收效極佳，耗費的能量也不多。

下面以青豆為例。遭受特別貪吃的蟎蟲「二點葉蟎」侵襲時，青豆會釋出混雜的揮發性化學物質，引來另一類肉食性蟎蟲「智利小植綏蟎」。智利小植綏蟎專門攻擊「吃素」的蟎蟲，很快就消除得乾乾淨淨——這又是動植物合作的一項神奇例子。而雙方的協力有賴於青豆能辨別侵略者，然後向侵略者的天敵搬請救兵。這種能力甚至更神奇。

有多少動物能演化出這等策略？但許許多多植物做到了：略舉幾例便有玉米、番茄、菸草。

以玉米為例

我們已經看到植物在葉部遭受草食性生物襲擊時會有怎樣的行動。不過，若受襲的並非葉部，而是根部呢？接下來，我們就以極具代表性的玉米當例子。在美國，大量玉米作物長年累月遭西方玉米根蟲啃食，損失達好幾億元。這種蟲會把幼體產在玉米根上，使難以自保的植物幼苗遇害。於是，就自保而論，玉米在植物中似乎算是極其無能。然而，這並不是玉米的錯！

玉米最古老也最不易栽種的歐洲變種全經歷漫長天擇，完全能抵禦蟲害，大有別於人類現今栽種的品種。但人類為求更高的產量和更大的玉米穗軸，篩選了新的變種，進而在毫不知情下間接選出了難以自禦的植物。玉米舊有的變種在遭遇西方玉米根蟲將幼體產於其根部時，會產生丁香烴，專門用來向線蟲求援。而線蟲喜歡吞食根蟲幼體，能使玉米脫離寄生蟲危害。

人類這項無心之過害慘了自己：據估計，全球每年因西方玉米根蟲而起的災損約達十億元！幾十年來，根蟲成了上天降予玉米的災殃，而人類為對抗蟲害，花了大筆金錢，還將成噸殺蟲劑散布於大氣中。但唯有藉助基因工程才能復原玉米本有的能力，研究人員自牛膝草取出調節丁香烴生產的基因，注入於現代品種。簡單說，為了回復玉米的遺傳特質，我們得創造出經基因改造（基因轉殖）的植物。

植物的性事

植物極需與外界，尤其是與動物往來的一大時刻便是授粉期間。這段期間可以說是植物的交配季，是存續的關鍵階段。能否順利繁衍，便有賴於此。很明顯，花草樹木各有不同。但大多數植物，從天竺葵到橡樹，全適用某些通則。例如，許多植物的受精都需要將花粉（相當於雄性動物的精子）由一朵花傳遞至另一朵。但在審視動植物交流之祕前，讓我們先退後一步，看看植物如何繁殖。

首先，植物可分為自花傳粉[20]和異花傳粉[21]。前者採用「自給自足」的方式授粉，將花粉由雄蕊（雄性生殖器官）傳至同一朵花的雌蕊（雌性生殖器官）。後者與此相反，必須把花粉由花藥（含有花粉細粒的雄性器官尖端）傳至同物種相異株體的柱頭（雌性器官接收花粉的部位），故稱為異花傳粉。

植物間的另一項差別則與性器官位置有關。在這方面，植物大體上分為三類：雌雄同花、雌雄異株、雌雄同株異花。

第一類的花朵具備雄性與雌性的性器官，在三類中明顯包含最廣。理論上，這類植物的花因為兩性器官兼而有之，每朵都能自花受精。所以，按前述定義，雌雄同花的植物屬於自花傳粉。自花受精極為便利，為數種植物所採行，尤其是小麥、稻米等禾本科。而禾本科和幾種蘭花及紫羅蘭，再加上肉食性植物，其實都是閉花

圖4-2　花粉細粒。在植物繁衍中，這些細粒是雄性配子（雄性種子）。

受精[22]，也就是甚至花還沒開就授粉。

雖然按理說所有雌雄同花的植物都可能自花受精，實際上卻受阻於一系列物理或化學障礙，而不常這樣做。我們才剛指出自花受精對植物是何等便利，為什麼又會有這等狀況？

理由不難想見。植物界的自花受精相當於動物界的近親繁殖，而近親繁殖會減少新的基因組合，是以受演化防堵。因此，植物演化出一連串特殊機制以避免自花授粉，像是讓同一株體的雌雄性器官在不同時間成熟。

第二類雌雄異株[23]則在性別相異的株體上有單性花，從而每種植物都有「雄株」和「雌株」。此類包括淵遠流長，可視之為活化石的銀杏，以及月桂、假葉樹、紫杉、蕁麻、冬青。

---

20 autogamous，源自希臘文 autos（「自身」）及 gamos（「交媾」）。

21 allogamous，源自希臘文 alios（「他者」）及 gamos（「交媾」）。

22 cleistogamous，源自希臘文 kleistos（「閉鎖」）及 gamos（「交媾」）。

23 dioecious，源自希臘文 dis（「兩次」）及 oikia（「房屋」）。

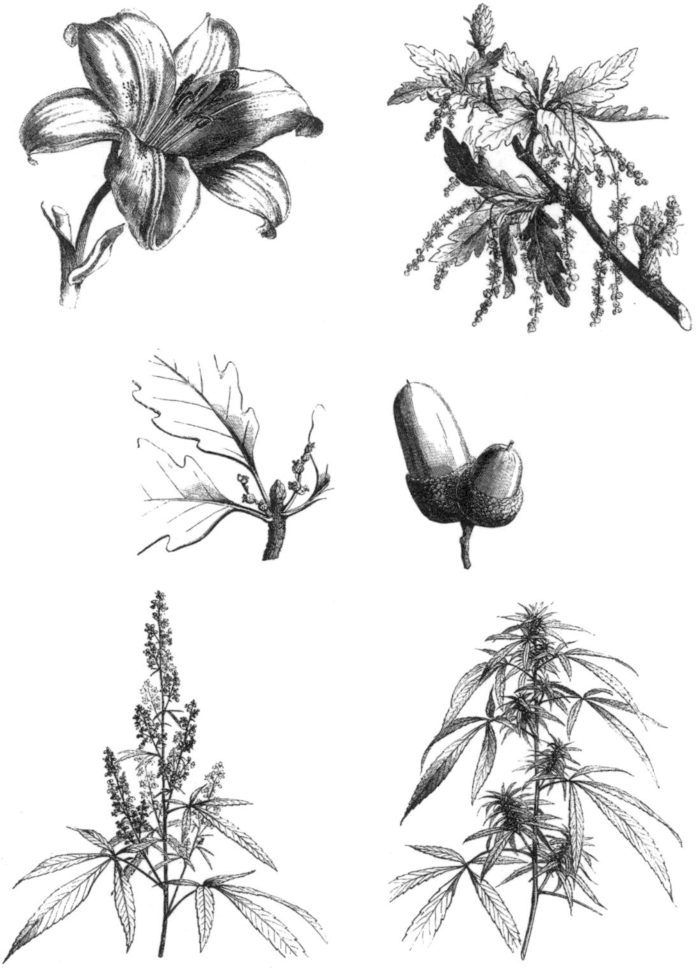

圖4-3a-e　植物性器官的位置。在百合（圖左上）等雌雄同花植物裡，雄性與雌性器官在同一朵花上。橡樹（圖右上及中間）等雌雄同株異花植物的性器官雌雄有別，但仍在相同植株。而大麻（圖下）一類雌雄異株植物的雄花與雌花分處不同植株。

最後一類雌雄同株異花[24]在同一株體上有分開的雄花與雌花。橡樹與栗樹均歸入此類。

不管是哪一類，植物在開花時都需要可靠的媒介將花粉由一朵花傳至另一朵花的雌蕊。每種植物各行其道。有的倚賴風這項物理媒介，有的仰仗動物。前者稱為風媒植物[25]。一方面，這種植物不需要引來動物，和動物打任何交道，也就不必面對隨之衍生的難題。但另一方面，既然選了全無抉擇之能的媒介，就必須解決因之而起的麻煩：花粉可能會落於任何地方，像是另一株植物、一輛車，或是地面。所以，為了讓這一趟授粉有機會成功，風媒植物勢必得長出許許多多的花，朝空氣中釋出數量驚人的花粉（而結果之一就是很多人到了春天會過敏，十分悽慘）。不難想像，就能量而論，這套做法很沒效率。會這麼做的，主要是裸子植物[26]等古老物種。此外則是不少較晚近的被子植物，如橄欖樹。

24 monoecious，源自希臘文 mono（「單一」）及 oikia（「房屋」）。

25 anemophiles，源自希臘文 anemos（「風」）及 philos（「朋友」）。

26 gymnosperms，源自希臘文 gumnos（「裸露」）及 sperma（「種子」），以種子不受子房保護而得名。

不過，大多數現代植物依靠動物為媒介，而動物在收集與傳遞花粉的過程中精準多了。最常用來做媒介的動物是昆蟲——這些極受看重的助手便負責所謂的「蟲媒」[27]傳粉。但是，獲植物託付來傳遞嬌貴花粉的，不只昆蟲而已。「動物媒」[28]傳粉以多種動物為媒介。「鳥媒」[29]傳粉以鳥為媒介，如蜂鳥與鸚鵡。「蝙蝠媒」[30]傳粉以蝙蝠為媒介，用於替許多美洲沙漠的仙人掌（如寬葉絲蘭）傳送花粉。

圖4-4　仙人掌。這些植物能適應酷熱、乾燥的氣候。爲求生存，仙人掌的葉部只在夜間張開。很多仙人掌以蝙蝠爲傳粉媒介。

最近，有人描述了古巴一種原生藤本植物夜蜜囊花（Marcgravia evenia）有著形如衛星碟形天線的葉片。此葉片唯一的用途似乎是向蝙蝠的聲納系統傳訊，讓蝙蝠得知花朵所在。儘管葉片形狀古怪，植物既然選了視力不佳的動物作為花粉傳媒，難道不該幫忙動物找到花朵嗎？

其他形態的動物媒傳粉會運用爬蟲類[31]、有袋類，甚至於靈長類物種。可以說，植物招募了各種類型的動物加入傳粉媒介行列！

全球最大的市場

請把植物授粉想成一個龐大市場，有買家（昆蟲）、商品（花粉和花蜜）、

---

27 entomophilous，源自希臘文 entonmon（「昆蟲」）及 philos（「朋友」）。

28 zoophilous，源自希臘文 zoa。

29 ornithophilous，源自希臘文 ornites。

30 chiropterophilous，源自希臘文 cheiropteroi。

31 例如，不同的露兜樹會利用某一類壁虎為傳媒。

賣家（植物），乃至於……廣告（花朵色澤及香氣）！

植物界一如動物界，行事必圖回報。而這廣大授粉「市場」中，有著實實在在的商品及服務交易。想要獲得商品或服務，就得有所付出。昆蟲支付勞力，來換取植物的獨特「花蜜」。這種帶甜味而富含能量的物質很受動物喜愛。其實，我們目前似乎已能肯定，植物生產花蜜就只為了當成貨物，而購貨的代價是運送花粉。

稍微概括來說：動物（如蜥蜴、蝙蝠、蜜蜂）前來取食或收集花蜜，從而全身沾滿花粉，再將花粉帶往另一朵花。可想而知，不是任一朵花都行，而是得與花粉源頭同一物種。我們無法讓蘋果與紫羅蘭雜交，一如無法使蟋蟀和河馬交配。在物種相異的兩植物間傳遞花粉只是徒勞。然而，該怎麼說服攜帶特定物種花粉的動物去拜訪同物種的其他花朵呢？無視植物物種，單純探訪相鄰的花花草草，何處有花蜜就往何處汲取，這麼做當然簡單得多。然則昆蟲的行動並非如此，最先於清晨一訪的是哪種植物，整天下來就會很忠誠地尋訪那一種。

這般舉動非比尋常，是植物授粉、繁衍的一大基礎要素。昆蟲學家稱之為

「忠於棲地」（*site fidelity*）。此現象完全遭研究者忽視，至今未有令人信服的假說加以解釋。植物學家和昆蟲學家都很清楚，蜜蜂於早晨一開始探訪的是什麼花，便會全天於同物種的花上來去停留。可是，讓人難以置信的是，學者並未能合理說明這種行為，提出來的理論又少又不充分，一般試著證明「忠於棲地」方便實際運作。但所有證據都與此背道而馳：「忠於棲地」一點也不便利。

然而，若改以植物的角度來看待問題，便會發現如此舉動至關緊要。要是花粉最終會遭錯置，植物就不會有興趣生產花蜜。這簡單的考量暗示了，是植物主動尋求並贏得昆蟲對棲地的忠誠。但此中機制尚待發掘。

誠信與無良的植物

且把「忠於棲地」之謎擺一邊。乍看之下，授粉這筆交易既正當又透明：遞送花粉者會獲得花蜜為報償。可是，事情總可能走上岔路。每種市場都有誠信和無良的商人，有些童叟無欺，有些訛詐誆騙。而植物並無不同，有的審慎忠實，有的以偽飾詭計來獲取所求，不惜囚禁協力的昆蟲。還有的為得所需不擇手段。

我們從羽扇豆談起。這些豆科植物會長出大量小花，而如何避免蜜蜂重訪同一朵花，就成了必須解決的麻煩。如果一隻勤勞的膜翅目搬運工在初訪花朵後完成了工作——收集好了花蜜，渾身沾滿了要運給另一朵花的花粉——由相同或不同的蜜蜂再訪這朵花，只會浪費時間和能量，既無花粉可沾附，也無花蜜可啜取，還可能使某些花未得授粉。為免紕漏，羽扇豆採取非常直截了當而有效的策略，使已經受訪而再無花粉、花蜜的花轉為藍瓣，讓昆蟲明白花中無蜜，於是前往下一朵花 。這項策略對傳粉動物很有幫助，對植物也大為奏效，使授粉更為順利。

不過，我們之前說過，花草樹木並非個個相同。因此，固然羽扇豆在應對動物夥伴時很可信賴，足為模範，其他植物卻以不同方式達成目標，而且同樣成功。最惡名昭彰的例子便是蘭花。據估計，約三分之一的現存蘭花物種為求授粉有成所使的手段，用人類的話來說只能說是詐欺。這些植物也利用昆蟲，但運用詐術，讓昆蟲在運送花粉後得不到任何回報。我們得立即補充一句：確切而論，自然界中無所謂誠信與無良。即便如此，看看蘭花怎樣「欺騙」昆蟲，倒也有趣。這種種蘭花的模仿功力，在所有生物中名列前茅。談起擬態（mimesis），人通常會想到變色龍或竹節蟲。但和蜂蘭一類蘭花相比，變色龍和竹節蟲便無足稱述。

蜂蘭的花朵能維妙維肖模擬特定膜翅目母蟲[32]的樣態。而且不只這樣，在母蟲形體之外，還仿效了組織硬度、軀體表面（包含絨毛），和當然不可少的氣味。就最後一點來說，蜂蘭會分泌和交配期的母蟲同樣的費洛蒙。因此，蜂蘭是三重擬態，複製母蟲形態顏色以欺瞞視覺，複製絨毛表面以欺瞞觸覺，複製特殊氣味以欺瞞嗅覺。如此真假莫辨，使公蟲把持不住，走上歧路。遭蠱惑的公蟲總會受花朵誘騙，屢試不爽。這般栩栩如生的擬態，到最後甚至會誘得公蟲與蜂蘭交歡。

蜂蘭的詐術擬真而勝於真。花開時，這些膜翅目公蟲就算有母蟲在旁也寧可與蜂蘭交尾！當公蟲錯認花朵為母蟲而有所行動，就會啟動蜂蘭的機制，花粉包

32 與黃蜂及蜜蜂相近，但不會群居。

（裝滿花粉的盒狀物）朝與花朵「私通」的公蟲迎頭灑去，使公蟲有一段時間難以脫身，接著便不得不沾著花粉尋訪下一朵花，並且授粉。至此，這一切是由植物或昆蟲掌控，似乎十分清楚了。

錢不會臭（是嗎？）

如果說蘭花精通於營造幻象，詐欺手法無懈可擊，那麼其他多種植物儘管有所不及，同樣是以騙術引昆蟲上當。下面用來做例子的巴勒斯坦海芋原產於以色列、約旦、黎巴嫩、敘利亞，後來傳入加州西北部。這種植物以奇異的欺詐手段利用果蠅當傳粉媒介。巴勒斯坦海芋會產生水果發酵的香氣，讓果蠅忍不住上鉤。而果蠅受氣味吸引，開開心心飛進張開的花序後，花序便會闔起，通常將果蠅囚困一整晚。在受困期間，果蠅時飛時走、時而滑行，試圖脫逃卻徒勞無功，反而使全身沾滿花粉。接著，花序開啟，果蠅終於逃了出來，但常常沒逃多遠就又受到難以抵擋的果香引誘，滑進了另一株海芋。這株海芋照樣將果蠅困住，並運用果蠅身體上的花粉來授粉。這麼一來，海芋使用詭計得償所願，順利授粉。

但果蠅這一趟傳遞花粉卻未獲報酬。

實際上，像這樣藉由氣味誘引昆蟲的例子相當多。以下再舉一個確實稱得上「宏觀」的奇特事例。慣常又稱為「屍花」的巨花魔芋擁有全世界最大的花序。每年到了這植物界的超級巨星開花的時候，植物園總會湧入想一睹奇觀的訪客。巨花魔芋選中的傳粉媒介「麗蠅」很有效率，也很不討喜。為求引來麗蠅，巨花魔芋會半點不差地複製麗蠅最喜歡的氣味：腐肉的臭氣！

植物操控他者的能力誠然高妙——讀到這裡，還有誰會懷疑嗎？不過，讓我們試著設身處地一下，問自己一個可能會使人不安的問題：哪種動物媒介對植物而言最有效率？毫無疑問，答案是「人類」。我們為了確保特定種類植物的繁衍、存續、傳播，不惜損害其他花草樹木。

以植物的角度來看，和這等古怪的兩足動物為友，甚至得益於其效勞，雖然麻煩，倒也值得！我們能肯定自身未受植物操縱嗎？能肯定植物沒有為此而展現討人欣喜的花朵、果實、香氣、滋味、色澤嗎？也許，植物有如此花果，如此顏色香味，就是要讓人類為其所用：我們一高興，便照料、保護這種種植物，並傳播至全球各地。想到植物給人的奇妙贈禮——從馥郁香氣到令許多藝術家大受啟發的多彩形體都包含在內——可別為己身的好運氣太感意外。在這世上，行事必圖回報，而至少對某些物種來說，我們是地球上所能找到的最佳盟友。

相當特殊的「傳信體系」

談起植物繁衍，特別是種子的傳遞，又可找到許多植物能與動物往來的事例。種子的成形與其後的散布是植物繁衍的最後一個基礎階段。使種子順利於環境中散播，對每種植物都至關緊要（別忘記，種子內含新株胚胎）。而這至少有兩項絕佳理由。其一涉及每一物種的基本生存原則，亦即盡量延展版圖。其二是使種子往外傳布，遠離母株，避免在有限區塊共享資源。畢竟，有限區塊的養分說不定很快就會供不應求，無從保障後代生存。舉例而論，想想依靠風來傳播種子的植物，比方廣為人知的蒲公英（我們總愛奪來蒲公英的種子，吐氣一吹）。蒲公英花的構造稱得上鬼斧神工，微風輕起，微小種子便乘風遠揚，有時遠達好幾英里外。另一種風媒植物椴樹的種子可憑藉單翼乘著輕風長時間飛行。不過，

圖4-5 風媒植物圖例，其特徵爲「飄飛的種子」。爲了盡可能有效率地傳種，風媒植物的種子演化出特殊的「飛行系統」。如圖所示：蒲公英（圖上）有「降落傘」；楓樹（圖左下）有「翅膀」；椴樹（圖右下）有「單螺旋翼」。

我們這會兒感興趣的是運用動物流布種子的植物。由魚類到鳥類，再由老鼠到螞蟻，再到眾多哺乳類，甚至包括體型甚大者——各種各樣的動物和植物界形成「業務」關係。

要說明雙方如何往來，得從果實講起。其實，植物便是以果實引來動物傳種，一如用花蜜在授粉過程中的作用。不管是蘋果、椰子、櫻桃還是杏仁，香甜的果肉都有兩層用途：保護種子至完全成熟為止，用來獎賞傳送種子的信使。

果實：給信使的「禮物包」

所有果實（不只是我們認定為可食用的那些）都是生產來包覆種子，並且經常用以吸引動物。在大多數事例中，動物吃下果實，實際上也意味著吃下種子，然後帶到離母株很遠的地方排放出來。這種做法極有效率，能確保種子傳布。

在溫帶或熱帶氣候國家，極為常見的傳種媒介是鳥類。我們就以櫻桃樹為例，來看看植物與動物如何溝通。在授粉期間，櫻桃樹會長出優美白花，似乎是要特地引來蜜蜂，而實情也的確如此。蜜蜂能清楚看見白色，於是更容易尋得花朵所在。不過，蜜蜂看不見紅色。紅色的櫻桃要吸引的並非蜜蜂，而是鳥類。誠然，即便由遠方觀之，紅果於綠葉間仍十分顯眼，能輕易為飛行中的鳥類發現。

鳥類受到閃閃爍爍的紅色引誘，便會前來一尋櫻桃，將果實與種子全部吃下，再振翅飛去。等飛到某處，就將種子連同可用作絕佳肥料的排泄物釋出。這套運輸方法很有效率，對植物和鳥類都很方便。前者可使種子遠離母株，後者可飽餐一頓。但是，請留心一件事！櫻桃在種子成熟時才會轉紅。在此之前，則因為呈綠色而幾乎不為鳥類所見，隱身於綠葉之中。

每種植物往往都會保護果實至成熟為止。未熟的果實實則富含有毒化學物質，嚐起來帶澀味，甚或使動物討厭。植物運用這種種物質在種子成熟前抵禦掠食者。為達此目的，植物有時會利用毒性極強的分子。原產於非洲、亦生長於加勒比海的野生植物阿開木正是一例。阿開木的果實完全成熟後很可口，中美洲有許多人會拿來食用。然而，你得確定熟了再吃。未熟的果實含有很高的次甘氨酸，經攝取後會造成嚴重中毒，產生血糖過低特有的症狀：昏迷、抽搐、神智失常、毒性肝炎、急性脫水、休克。每年都會有二十人左右吃了未熟的阿開木果而喪命。

可想而知，植物賴以為傳種媒介的動物不只鳥類而已。另一重要群體可以果食性猴類為代表。這類猴群於種子的傳播起了可觀作用。而在鳥類與猴類之外，還有更多非同凡響的動物傳媒。亞馬遜河流域的大型淡水魚大蓋巨脂鯉正可作為例子。雨季時，氾濫的河水形成了近十萬平方英里的暫時湖泊。大蓋巨脂鯉會吃下許多植物的果實，而後在數百英里遠之處排泄出來。科學家到了最近才發現這有趣的傳種策略。

最後，還得談談螞蟻。螞蟻的食物包含微小果實，但果實並非當場吃完，而是搬回蟻丘的「食物儲藏室」，以備他日享用。這樣的習慣讓植物特別滿意，可同時滿足兩項需求：不只將種子搬到離母株很遠的地方，還幾乎直接藏於地底下有利於未來萌芽的理想環境。簡單說，螞蟻幫的忙確實寶貴。難怪某些植物的種子會具備稱為「脂質體」[33]的特殊球狀脂肪。這種飽含能量，差不多全屬脂性的結構很受螞蟻喜愛。看起來，這等交流不只簡單，對植物也很方便：螞蟻把種子帶至蟻丘，將吃完了脂質體剩下的部分留在潮濕、受遮蔽、富含肥料的處所，極其適合種子成長。

螞蟻與植物的夥伴關係甚是美妙。這些膜翅目昆蟲與植物的往來互助之道，讓科學家著迷不已。有份相當晚近的研究便闡明了巨山蟻[34]如何效力於某些肉食性植物，尤其是豬籠草。我們在前面談論過豬籠草及其可怖的陷阱囊。囊的內壁很是滑溜，使遭困的獵物難能逃脫（見第三章）。

豬籠草會在陷阱囊周圍製造蜜汁，將動物誘入囚困。然而，要使陷阱奏效，就得時時保持囊壁清潔，盡可能滑順。若是積累殘渣灰塵，就會讓動物得以立足施力，逃脫生天。因此，與巨山蟻的結盟十分重要。巨山蟻會主動前來，使陷阱囊常保整潔，以換取少許蜜汁。看來，就連植物界最恐怖的「致命凶器」也需要朋友。

33 elaiosome，源自希臘文ealion（「脂肪」）及soma（「身體」）。
34 這類螞蟻也涉及特定植物的防禦機制，雙方的關係好像格外密切。

第五章

植物的智能

如果說植物沒有心臟，是否意味著缺乏循環作用？沒有肺部，是否就不能呼吸？沒有嘴巴，是否就不能進食？植物對這每一道提問都有很棒的應答。所以，這會兒我們得自問：既然植物沒有腦部，是否就無法思慮？

在生物學裡，我們所說的「優勢種」會犧牲其他物種的利益以獲取更大生活空間，從而顯露出比競爭者更能適應環境，也更能應付每種生物掙扎求存時面臨的困阨。一項物種的數量越多，在生態系統中的影響力就越大。

比方說，假如有顆遙遠行星的生物百分之九十九屬於某物種，我們會怎麼描述這情況呢？我們會稱該物種在那顆行星占優勢。現在，回頭來談地球。我們會怎樣形容地球的狀況？答案是：地球由人類主宰。唉，這念頭在好多方面都很讓人心安，但我們真能肯定實情確是如此嗎？地球上的生物量，或者說生物的總質量，有百分之九十九．七[35]是由植物而非人類構成，人類和其餘動物加起來僅占百分之〇．三。

有鑑於此，地球的確稱得上是「綠色」星球，此生態系統無可置疑由植物主導。但這怎麼可能？這最蠢笨、最被動的生物怎會在地球占據首席？本章開頭提到，犧牲其他物種的利益以獲得更大生存空間，代表適應力和解決問題的能力更強。那麼，為何在全體生物中（別忘記，這是就生物量來看，非指物種數量），動物只占百分之〇．三，而人類的比例甚至還更低？或者，換個方式問。人類自認是優勢種，能掌控地球，而且權利高於其餘物種。我們該如何化消這般一廂情願的假設與實情的矛盾？要是這課題對人類集體意識的影響沒這麼大，要是這僅只是尋常而中性的科學探問，想理性以對，便會容易許多。在地球上，動物真的只占百分之〇・三，而植物占百分之九十九・七嗎？既然這樣，植物才是優勢種，而動物僅占微量。此種現象只能解釋成植物往往遠比人所想的還要高等，具備更強的適應力與智能。

我們能說植物有「智能」嗎？

為什麼一提到植物有「智能」，人就覺得很刺耳？本章在其後的開展中將解答這個提問。現在，先回想一下，數千年來的偏見與誤解如何制約了人對植物的看法及描述。我們會回顧到這裡為止所討論過的若干主題，以便說明使用「植物

35 估計值在百分之九十九・九至百分之九十九・五之間，我們於是取了個平均數。

智能」一語的正當理由。

花草樹木有別於飛禽走獸，牢牢固定於土壤而生，動也不動（儘管並非一切植物都如此）。為了在此條件下生存，便演化出相異於動物的覓食、繁殖、自衛手段，並且將株體組織模組化，以因應外來攻擊。多虧了這等結構，動物的掠食（比如草食性生物吃掉一部分葉片或莖）並不會構成嚴重的麻煩。植物並無如腦、心、肺、（一個或多個）胃等獨特器官。而這是要避免因草食性動物損傷或吞食這些器官而危及整體存續。在植物裡，沒有單一部位不可或缺。其實，植物的架構大部分很冗贅，是由相互作用的重複模組構成。在某些情況下，模組還能自主生存。這種種特質使植物與動物大不相同，與其說是個體，不如說是聚落。

植物與人的結構大有差異，而後果之一是植物彷彿與人甚為疏遠、格格不入，乃至於人有時很難記得植物有生命。人與差不多所有動物一樣，都有腦、心、（一張或多張）嘴、肺、胃。這一實情使得動物在人看來很親近，舉止很可理解。但植物就全然不同了。如果說植物並無心臟，是否意味著缺乏循環作用？如果說植物並無肺部，是否就不能呼吸？如果說植物並無嘴巴，是否就不能進食？而少了胃，是否就不能消化？如前所見，植物對這每一道提問都有很棒的應答。缺少獨特器官管控或施行，一切機能仍可運作。所以，這會兒我們得自問：既然植物並無腦部，是否就無能思慮？

對植物的第一項偏見正出於上述疑慮：欠缺專門器官，怎能執行某些功能？然而，我們前面已看到，植物無嘴而能進食，無肺而可呼吸，而且即便不具備人所有的感知器官，仍有視覺、味覺、觸覺，仍可溝通與移動。那麼，為什麼要懷疑植物能思考？沒人會否定植物能進食與呼吸。為何獨獨「植物能思考」這項假說受到堅決排斥？

在這裡，我們得退後一步問自己：「智能」是什麼？這一概念相當廣泛，很難界定範圍，是以自然而然會有多樣定義。而心理學家羅伯特．史登堡（Robert Sternberg）的說法最滑稽：「人們要求多少專家界定『智能』，就似乎會得出多少定義。」

於是，我們得做的頭一件事，是選個符合當下情境的辭義。對植物，我們不妨從寬認定：「『智能』即是化解疑難的能力。」當然，也許還有別種貼切解釋，但我們就選定這個不改了吧。要是改採他義，把「智能」當作人類與生俱來獨有，倒也有趣。此說的理由是「智能」關乎抽象思維和人類特有的其他認知機能。其餘生物的能力性質不同，應該另定適切名稱。這聽起來很合理，但與事實相符嗎？他者難以複製的人性特點又是什麼？

我們能從人工智能學得何事？

我們很難確指人類的智能有何他者無從仿效的特徵。要解破迷津，可以倚賴人工智能的發展。學者在這領域花了數十年探索人類智能的本質以及與機器智能的區隔。全世界最高明的人工智能專家每年聚在一起競逐勒納獎（the Loebner Prize），讓電腦程式執行「圖靈測試」（The Turing Test），正是想解答這一類提問。該測試依數學大師艾倫．圖靈（Alan Turing, 1912-1954）為名。圖靈是資訊科學先驅。他在一九五〇年納悶道：機器會不會有得以思考的一天？如若機器能思考，人要怎樣才有辦法察覺？

圖靈並未尋求複雜的理論模型，也未費神解說智能。相反地，他提出一個看似十分簡單的實驗：聚集一組人，讓每人都透過電腦終端機與兩個未見形貌的他者談論任何話題。對話者一個是軟體程式，另一個是真人。這組評審的任務便是判定何者為人類，何者為機器。

圖靈規定，機器要能在五分鐘對談後騙過百分之三十的評審，才算通過測試。而測驗必須重複施行，直到此事成真。他預料，最晚至二〇〇〇年就會有機器過關。到時，「談起機器會思考，就不用想著會有人反駁。」

迄今，尚未有機器能騙倒百分之三十的評審。但是，讓評審舉白旗投降的一刻正迅速逼近。科學家將近編寫出能完美模擬人類對話的軟體。屆時，我們真的可以說機器能思辨嗎？就圖靈來看，確實如此。那麼，人類會遭遇何種變化呢？很難說。

幾千年來，我們很肯定自身是最為崇高的生物，位處宇宙中央。但是，此信念於近代遭到反駁，令人心傷，而原本篤定的心態也深受搖撼。光是想著以下幾點就夠受的了：首先，我們不得不拋棄以地球為中心的理論體系，承認自己住在宇宙邊緣某星系微不足道的行星上頭。接下來，還得相信人與其他動物有相似之處。甚至，人就是某種動物的後代。這真是賞了人好大一巴掌！

到了這地步，我們開始築起難以逾越的藩籬，來區隔己身與其餘造物：唯有人類能使用語言（不對）、句法規則（不對）、工具（不對——就連章魚也能利用工具！）。至少，人一度是世上唯一能依數學規則運算的生物。可如今誰也比不過少許錢就能買到的計算機。幾個世紀間，人被迫緩緩棄守一個個領域，而難以遏阻的頹勢沒完沒了，暗示著若干根本變化。例如，機器越來越能模仿並超越我們起初認定為人類所獨有的智能特質，而這又意味著什麼？今日，電腦能擊敗頂尖棋王、完美無瑕地記憶近乎無窮無盡的各式數據、預測未來發展、迻譯多種語文，乃至於譜寫樂曲（即便不算高明）。面對人工智能各項成果，我們的回應一般是：這之中沒有一項流露出真正的智能。然而，長此以往，若有一天這些假定專屬於人類智能的特點全遭機器複製、甚或改進，我們不就得坦承比機器還低下嗎？簡單說，以下做法哪一種較明智呢？是將智能視為堡壘，捍衛了人之所以異於他種生物（被人類當成「堡壘」的可不只智能而已）？還是認可智能為全體動植物的共通點？

智能使生物趨同，而非分化

我們並不羞於承認許多動物有智能。畢竟，動物們展示了自身能運用工具獲取食物、發展出語言、走出迷宮，或是解決其他類型的難題。現在我們得問：植物做得到這些事嗎？答案是肯定的，而且植物一直在這麼做。植物會使用經常涉及別種生物的複雜策略來抵禦掠食者，在授粉期間則受到可靠的「搬運工」協助。此外，植物還能避開阻礙，彼此幫忙，捕獵或引誘動物，朝食物、光照、氧氣移動。那麼，為什麼不認可植物完全擔得起「智能生物」之名呢？我們不該否定任何真正觀察過植物行為的人都看得很清楚的事實。相反，應將植物化消困難的方式也當成人類的寶貴資訊來源。

智能是生命的特質，就連最卑微的單細胞生物都必然具備。每種生物隨情勢所需，都得不斷克服與人類面臨的難關相去不遠的險阻。試想：食物用水、遮風擋雨、交友作伴、抵禦外敵、繁殖綿延——在人類最難解的問題底下的，不正是這些要素？少了智能，就不可能有生命存在。要接納如此清楚明白的事實，理該毫不費事才對。人的智能顯然遠遠高過細菌或單細胞藻類。但根本要點是，這是量的差異，而非質的區別。

如果將智能定義為應對困難的能力，就不可能畫設門檻，認為高於此者身負智能，低於此者僅只不假思慮回應環境刺激。誰要是不同意這一點，仍主張某些生物具有智能、某些則無，就得心甘情願告訴我們，「智能」到底是在演化的哪個階段出現。

我們就來試著推想一下吧。人類擁有智能，誠然沒有人會質疑此點！靈長類呢？也有智能——有學者證明過了。狗呢？當然有。貓呢？任何養貓的人都會信誓旦旦地說貓有智能。那老鼠如何？不也是很聰明嗎？那還用說！螞蟻你怎麼說？肯定有。接下來嘛，章魚呢？爬蟲類呢？蜜蜂呢？能脫出迷宮、預期重複現象的阿米巴原蟲呢？那麼，真的有高出門檻就會很神奇地具備智能這回事嗎？又或者，我們該依循比較合乎演化實情的思路，認定生物自然而然會有智能？再說，如果生物並非天賦智能，我們就會有難上加難的問題得解決。

要是假設智能有無涉及門檻，我們就得問：這門檻是出於生理而固定不變，還是出於文化而隨時空變動？一八〇〇年代，少有人覺得動物符合智能的定義。今天，科學家作夢也不會否認猴子、狗，乃至於鳥是智能生物。甚至有大量文獻指出細菌有智能。既然這樣，為什麼不說植物有智能呢？

其實，我們很清楚，每種植物都會持續記錄大量環境參數，諸如光照、濕度、化學梯度、他種動植物存否、電磁場、重力，然後依照各種數據來決定如何覓食、競爭、自衛、與其餘動植物往來——我們若是撇開「智能」這項概念，就很難想像植物會有這等舉動！再者，震古鑠今的科學大師達爾文在百餘年前便體認到，植物演化出的能力之高，教人無從解釋。不過，當時的氛圍並不友善。而達爾文早已大費心力替自身其他理論辯護，包括將為他帶來不朽聲名的「物種原始論」。結果，他只能自我設限，在幾冊植物學論著和特別是「筆記」裡推敲此課題。直到晚近，世人才明瞭達爾文的筆記在科學上的重要性非同凡響。而想了解他對植物的真正想法，六冊植物學論著中有一冊不可或缺。唯有這一冊滿是實驗資料，而且就連書名都看得出思維的重大變革：《植物的行動力》（見第一章）。

達爾文與植物的智能

達爾文在劍橋大學攻讀神學時，聽了植物學家兼地質學家約翰・韓斯洛（John Henslow, 1796-1861）的課，從而在引領下踏進植物的天地。很快，師生倆就形影不離，別的教授因而稱達爾文是「和韓斯洛走在一起的男人」。韓斯洛對達爾文的人生起了根本的重大影響。正是出於韓斯洛的推薦，羅伯特・費茲洛伊（Robert FitzRoy）船長才

圖5-1　達爾文。這位卓越的植物學家很佩服花草樹木的能力。
繪者：司特凡諾・曼庫索（Stefano Mancuso）

讓達爾文以「紳士旅伴」的身分登上小獵犬號。再者，達爾文對植物學的基本知識和最重要的對植物界的一生熱愛，也都得自於韓斯洛。從劍橋大學的早年經歷以至於接下來的數十年，達爾文投入植物研究，如痴如醉，想由這些迷人的生物身上找到演化論的證據。一直到過世為止，他差不多都未忘懷對植物的興趣。（現知達爾文的最後一封信寫於死前九天，內容便是與植物有關。）

《植物的行動力》注定要改變植物學的歷史。想理解這本書翻天覆地的意旨，關鍵就在於全書末段。達爾文在此段陳述了研究的基本結論，而我們曉得，這是他慣有的寫法。關於植物根系運動與植物智能的關係，他寫道，「這麼說簡直不算誇張：胚根的根尖具備這等（感覺）機能，還能引導相鄰部位的運動，作用有如低等動物的腦。這腦位於株體前端，能接收感覺器官的感應，並主導數種行動。」此外，在這本開創新局的五百餘頁著作中，才華橫溢的達爾文描述了植物的多種運動，並將四分之三強的篇幅聚焦於根部動作。他之所以全力觀察根部，正是因為在該部位看到最多與動物舉止相似之處，用來說明植物與其他生物行為相近，再好也不過了。其實，由根部，或者說得更確切些，由每條根的尖端

（根尖），正可看到智能生物特有的多階段反應：感知環境刺激，決定朝哪個方向有所為而為。

達爾文深信，蟲的腦或是其餘低等動物的腦，和植物根尖並無太大差異，「我們相信，就功能而論，植物裡最奇妙的結構莫過於胚根根尖。如果遭輕壓、火燒，或切割，根尖就會向接鄰的上部部位施加影響，使其朝受波及一側的相反方向彎曲。……如果察覺一側接觸到的空氣比另一側的潮濕，根尖同樣會向接鄰的上部部位施加影響，使其彎向濕氣源頭。根尖要是受到光照刺激……接鄰部位就會彎離光源。然而，若是受重力刺激，同一部位就會彎向重力中心。」

達爾文率先注意到根尖是精密的感覺器官，能記錄並回應不同的參數。而在論述根尖能感應外界刺激後，他進一步指出該部位能生成信號，引起接鄰的根部部位有所行動。根據他在實驗中的觀察，在人為切除根尖後，根部就喪失大部分感覺機能。例如，不再能感知重力和分辨土壤密度。因此，達爾文設想出了學界在一個世紀後所稱的「根腦假說」，而這也成為根部生理學的發端。有鑑於他所形容的根對「植物生命的重要」，如此構想是勢所必然。

和達爾文其他許多觀念一樣，「根腦假說」也遠遠未受科學社群熱情接納。一如達爾文所料，反對最力的是德國植物學家。他在一八七九年寫給朱立烏斯・維克特・卡魯斯（Julius Victor Carus）教授的信中提到，「我和兒子法蘭西斯正在撰寫一大冊論著談植物一般會如何運動。我認為，我們提出了非常多新論點和新見解。只怕在德國會引來極大反對……」

激起德國學者敵意的並非紮實的科學思維，而最主要是植物學大師薩克斯（Julius von Sachs, 1832-1897）心懷怨懟，認為達爾文撈過界，太不應該。當時，學術上深受敬重的薩克斯將達爾文視為「鄉間別墅的實驗者」，而這等業餘人士的發現無從比擬自己對植物生理學的嚴謹研究。

《植物的行動力》出版後，薩克斯要助手埃彌爾・戴德森（Emil Detlefsen）重新進行達爾文的實驗，尤其是要看看根在移除根冠（根尖外部）後有何舉動。他的目的顯然是要證明達爾文的結論無效，而戴德森也遵命行事。不過，後來發現，由於薩克斯手下的研究人員很看輕達爾文，戴德森的實驗做得很草率，得出與達爾文不同的結果。

這時，薩克斯的反應相當激烈。他指責達爾文父子實驗失當（正如「業餘人士」一般），驟下錯誤論斷。而達爾文父子自然要捍衛研究成果。

著名植物學家間的衝突引起科學社群迴響，促使曾為薩克斯學生，本身也是知名植物學家的威海姆・菲佛（Wilhelm Pfeffer, 1845-1920）不久也重做達爾文的實驗。他的動機是實實在在的科學精神，而實驗結果與達爾文父子相符！接著，菲佛毫不遲疑，於一八七四年問世的《植物生理學手冊》（*Lehrbuch der Pflanzenphysiologie*〔*Manual of Plant Physiology*〕）認可這兩位植物學家的偉大。而更添怨恨的薩克斯則將此書貶為「不過是一堆未經融會貫通的論據」。

今天，我們當然清楚達爾文是對的。實際上，根尖甚至比達爾文所想像的還要高等，能夠偵測環境中眾多物理化學參數。

具備智能的植物

在本節開頭，我們要重提一件顯而易見的事：花草樹木沒有腦部。這一點在前面的章節已提過幾次，但我們重申斯旨，是為了把話說得甚至更明白：植物並無任一器官與人所知的腦部有半點相似。

人的腦是智能所在，而我們也的確用「有腦」、「無腦」等說法來指稱人有無顯明的智能活動。

就和大多數我們所熟悉且認定為具有某類智能的動物一樣，人生來就有非比尋常的腦部器官，而且對其複雜與功能尚未能理解於萬一。至少在動物界，缺少了腦部就不會有認知能力。現在，要問的第一個問題是：腦部真的是「智能」的唯一產地嗎？沒了身體，腦是否仍有智能？又或者，看起來反而僅只是全無特點的一堆細胞？我們還能從中尋得絲毫智能嗎？答案無疑是否定的。單就自身而論，最具天才之人的腦部不會比胃部還聰明。腦這器官既不神奇，也誠然無法獨力造物。來自身體其餘部位的資訊才是任何智能反應的根本。

至於植物，認知能力等株體機能並非各自繫於一處，而是遍存於每一細胞，活生生體現了人工智能研究者所說的「實體化代理者」（embodied agent，亦即具有實體，能與周遭世界互動的代理者）。

我們再三強調，演化賦予了植物模組化結構，機能分散於全體，並未集中於獨特器官。如前所見，這是基本而重要的決策，使植物就算喪失株體一大部分，也不會危及生命。所以，植物雖無肺、肝、胃、腎、前列腺，仍能執行這種種器官在動物體內的功能。那麼，有什麼理由植物欠缺腦部就一定不具智能呢？

讓我們檢視一下植物的根部。前面提過，達爾文察覺到植物的根有決斷指揮之能。學界普遍認定，根尖能引領地下部位

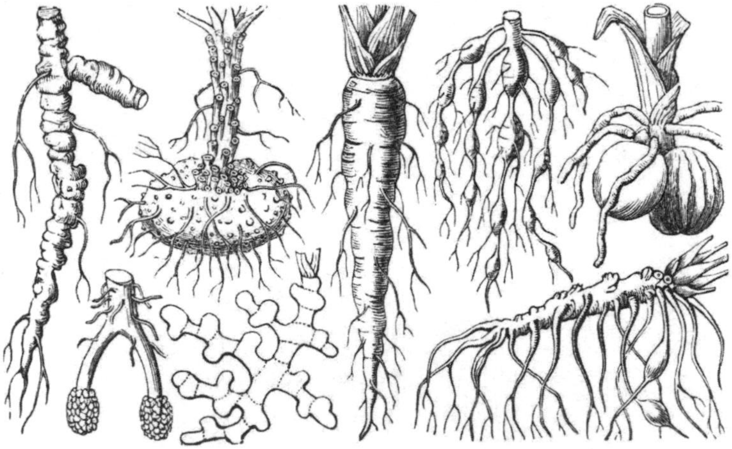

圖5-2　植物根系圖例。根部是植物隱而不顯也最爲有趣的另外半部。本圖展示了其多種樣態。

的生長，還能探索土壤中的水、氧、養分。這會兒，若想省事，當然是假設植物會依循慣性，遵照「尋找水分」、「往下生長」等簡單指示。這麼一來，根部的工作說真的也就無足稱述，不過是探查水分，朝有水分的方向成長，或者遵循重力，向下扎根。然則根的功能遠比此複雜。根部兼負多重任務，須平衡多樣需求。根尖在探測土壤時，需做複雜的評估。

氧、礦鹽、水、養分通常位於土壤不同區塊，有時相隔甚遠。是以根部不斷得做重大決定：是向右生長，獲取迫切需要的磷，還是往左生長，獲取時見匱乏的氮？是要朝下搜尋水分，或是朝上以便更有機會呼吸良好空氣？該如何調和會促成對立決斷的需求？此外，別忘記根在往外延伸這一路上常會碰上需要避開的阻礙，或者遭遇徹頭徹尾的敵人（寄生蟲或另一株植物）而有必要「閃躲」或自衛。而這還只是開端，因為接下來植物就得權衡個別根體的局部需求與全株的整體需求，而兩者可能有別。

變數這麼多，每一項都涉及生命的根本，相當重要！例如，要怎麼防止所有的根在尋覓水分時全朝同一點生長。假如根的成長是受慣性管控，這種情況就會帶來具體而實際的危險。想解答疑問，這時候我們就有必要了解絕妙的根尖有何結構，又是怎樣運作。

根尖是根的尖端，大小隨物種而異，從一公釐的幾十分之一（如阿拉伯芥）到幾公釐（如玉米）都有可能。這是根體向外伸展的部位，乃生機所繫。通常呈白色，感覺機能最強，並有奠基於動作電位[36]的強大電活動。每株植物都有數百萬計根尖。就算是非常小株的植物，根系的根尖數說不定都超過一千五百萬！

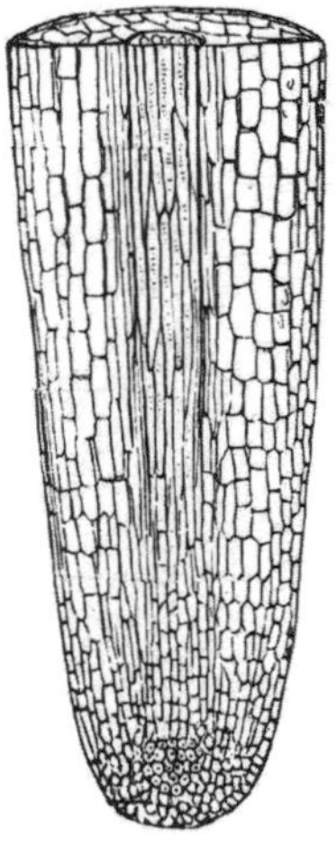

圖5-3　根尖。每個根尖都是精密的感覺器官。

每一根尖都不停偵測多種參數，如重力、溫度、濕度、電場、光照、壓力、化學梯度、有毒物質（毒素、重金屬）存否、音波振動、氧與二氧化碳有無。列了這一長串很驚人，卻還未盡周詳：年復一年，研究人員持續更新參數數目。根尖不斷記錄參數，並考量植物的局部與整體需求，依照實實在在的運算來引導根部。

沒有任何不假思索的回應能符合根尖的種種需要！其實，每個根尖都是名實相符的「資料處理中心」。這數以百萬「中心」並非獨立運轉，而是結成網絡，構成了植物根系。

每株植物都有如活生生的「網際網路」

到此為止，我們談的都是個別根尖的運作。不過，就連黑麥和燕麥這種小植物的根尖數都或許有上千萬，而一棵樹合理推測會有上億（儘管沒有人特別研究過這點）。這無數根尖是怎樣合作的？我們不應個別看待同株植物的根尖，而該視為集體運行的網絡。

想明白我們這是在說什麼，不妨想一下人類所創最龐大、最有力的網絡：網

36 action potential，和動物大腦神經元內的電信號極為類似。

際網路。

近幾十年來，為了應付十分複雜的運算，研究人員朝兩相異方向開展，而這兩方向都和我們對植物的討論關係密切。一方面，人類生產出超大型電腦，而這些個別電腦越來越強大，能在極短時間內執行驚人的大量運算。二〇一二年開始運轉的ＩＢＭ超級電腦「紅杉」（Sequoia）一小時裡能完成的一系列運算，得動用六十七億人手持計算機，不眠不休三百二十年才算得出來。另一方面，人類則利用網際網路等網絡所擁有的龐大整體運算能力。這兩相對立的策略讓人回想到演化也施展了兩種手法，提升了生物的運算能力：一方面，個別生物的腦部越來越大也越來越強（人在此中所扮演的角色好比超級電腦「紅杉」）；另一方面則是分散式智能（distributed intelligence），如昆蟲群體與植物所示。

超級電腦的根本在於運算速度（以時間單位計）。這一點，電腦網路絕對望塵莫及。然而網路能保障安全，也是不容低估的要素。網際網路的前身是美國國防部國防高等研究計畫署所開發的電腦網路（Advanced Research Projects Agency Computer Network, ARPANET）。初始發想及建構都是走模組化路線，以便能承受大規模核武攻擊。關鍵是，即便構成網路的電腦大半遭摧毀，模組化架構仍能確保全體存續，使資料傳輸無虞。

這聽起來很耳熟嗎？植物所採取的方式也正是如此。數百萬根尖結成網絡，縱然重要部位遭摧折或掠食，也不會損及網絡的生存。單一根尖的運算能力並不出色，但群策群力卻可成就壯舉。就好比螞蟻無法獨力擘畫策略，可一旦團結，就成了自然界極其複雜而有組織的群體。

不過，根尖是如何協力成事的呢？儘管尚無明確答案，新近的研究卻讓我們得出一些有趣的假說。

根系主要是由根體自動相連而成的實體網絡。可是，這連結似乎一點也不是最要緊的因素。實際上，讓每條根能彼此溝通的信號或許並非沿植物內部傳遞。這怎麼可能？

回頭談根尖與螞蟻的類比。請把根尖想像成蟻群。儘管身體甚至沒連在一起，螞蟻卻能透過化學訊號來協同運作。也許植物的根部也比照辦理？說起為了各項目的而生成種種化學分子，植物是名副其實的大師。是故，如果說植物的地下部位一如地上部位，會釋出化學訊號來相互交流，倒也不令人意外。

但是，我們這會兒談的都是假設，理應考量所有可能情況。例如，根尖或許對電磁場極為敏感，說不定會因鄰近根尖造成的電磁場而有相應舉動。或者，根尖也許感應到其他根部成長時所發出的音波。如第三章所示，新近研究證實了每條成長中的根會近乎「喀嗒」一響，而鄰近的根尖能感應這種聲音。在此情形下，根尖便有了很方便的傳訊系統。前面提過，「喀嗒」聲並非刻意為之，而是出於細胞成長時細胞壁破裂。因此，

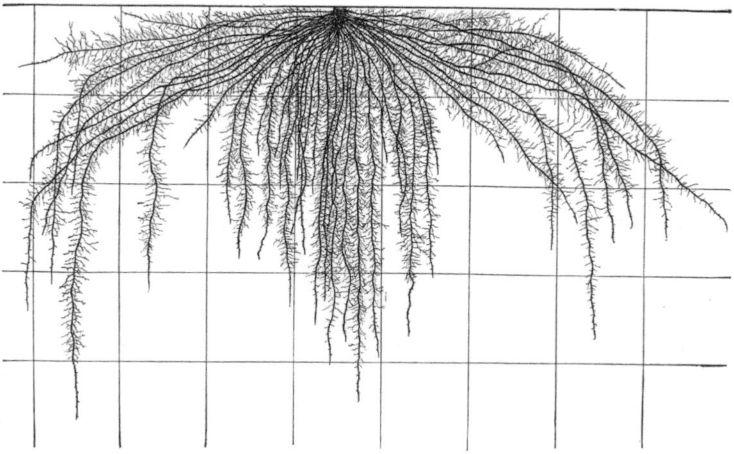

圖5-4　八週大玉米的根系。根系由上千萬根尖組成。

這就成了所謂的「精省」（parsimonious）訊號。換言之，此訊號能一邊達成目的，一邊省下植物的氣力（或者說產生訊號所需的能量）。

成群根部

請想像春夜千鳥齊飛，宛如烏雲疾走，使人心有所感。直到一九七〇年代，群鳥偕飛，誠然是未解之謎。照理說，飛得這麼近，應該會不停相撞才對。科學家於幽暗中摸索答案。有的甚至在嚴謹的科學期刊提出如下看法：鳥類天生能……心電感應！其實，要說明此現象並不難，但到了最近才有學者揭開其神祕面紗。

成群的鳥兒每一隻都遵循若干基礎規則，像是保持在前方同伴右側，雙方相隔數公分。這就足以讓天上的鳥群不起衝突。就算夠膽量協同飛翔的鳥類有上千隻也不礙事！像這樣既基本又有用的成套方法，不太可能只發展於鳥類的飛行。更準確地說，有項廣受採納的植物根部功能理論便指出，根部的行為模式也許和群居生物一樣。

根據此理論，每個根尖都與周圍同類部位維持著預定距離。這一舉動使根尖得以和諧生長，也因而成了探索土壤的最佳可行方式，無須涉及更高層次的決斷。也就是說，不必由單一腦部指揮每一個別根尖的運作。植物缺少監管認知機能的特定器官，從而發展出群居生物及其他許多物種特有的「分散式智能」：構成群體的個體聚在一起時，就會流露出個體所不具備的衍生行為。

近年來，學者很有系統地觀察並鑽研此現象，成果令人振奮。研究指出，就連人在成群相聚時，也會觸發衍生行為的動能。很經典的一項事例是數千人在戲院中鼓掌。晚近研究證實了，儘管掌聲起初並不同步——人人各行其是——過了幾秒鐘卻往往漸趨一致，終至渾然一體。當然，如此齊一聲響並非有意為之，而是展現了衍生行為。在旁觀察的人也許會納悶，上千觀眾鼓起掌來如何做到動作協調？節奏由誰決定，又是由誰告知他人？

學者用衍生行為的模式來闡述多種人類舉動，包括人能夠在擁擠人行道上行走而不踩到彼此的腳，以及股市的趨勢。試想：股市除了告訴我們全球各地企業的產值，還有效主導政治，對個人命運有可觀影響，而這一切全不見中央管控。的確，此中沒有致力於監看全體運作的實體。投資人單純依循市場規則，只曉得投資組合內數量極其有限的公司。說到底，股票交易行為衍生自個別投資者的互動。他們就如同根系中的根尖或蟻群裡的螞蟻，單獨來看不值一提，合起來卻開展出讓人難以置信的能力。

植物與動物在這類行為上很相似，不過有重大的差異。在動物界，群體是由大量人類、哺乳類、昆蟲，或鳥類所組成。但在植物界，這些動能實則作用於同株植物的根部之間。簡單說，每株植物都宛如聚落！

外星人在此（對照植物智能，以求理解外星智能）

對植物智能的鑽探昭示了整個智能研究一項非常有趣的面向：想理解思維有異於人的生物是何等困難。確實，我們好像只能領會與人類智能極為相近的形態。

且先把植物暫擱一邊。要是提及細菌、原生動物、黴菌等「無腦」生物也有智能，我們也會遇上同樣的問題。有些（細菌及原生動物）如果尺寸能碩大一點，而且最要緊的，如果具備腦部，哪怕構造萬分簡單，只有單一細胞，人還是會毫不猶豫稱牠們展現智能生物的舉止。阿米巴原蟲能破解迷宮。黴菌勾畫疆域的效率勝過人類發明的任何軟體。但是，這些生物的下場和植物一樣，因為不具備腦部而被人類的偏見判定為欠缺各式思考能力。我們這樣的心態似乎根植於傳統與成見，而非科學推論。然而，鑽研植物智能的結果可能會對人性的進步起根本作用。實際上，這有助於我們以不同角度看待自身心智。

假設人類有一天接觸到外星智能生物。即便無法與之溝通，我們有沒有能力至少辨認出他們來自外星、身負智能？答案大概是「沒有」。人類難以設想有別於己身智能的形態。看起來，我們並不是在找尋外星智能生物，而是在不停搜索遺落於天外某處的人類智能。倘若真有外星智能生物，他們所演化出來的樣態會與人類差別極大，體內化學反應也會有異於人類。而居住的環境自然完全不像人所熟知的景色。

我們連植物的智能都看不出來，又如何能指望辨別出外星生物？畢竟，人和植物可是共同走過了一大段演化歷程，有相同的細胞構造、相同的環境、相同的需求。我們且舉一反三，問自己一個問題：智能生物既然身處另一行星，與人類的情境全不相似，為什麼就得演化出與人相同、奠基於波動現象的溝通方式？其實，人聲、物品聲傳遞以及廣播、電視傳訊都有賴於波的傳播。植物等其他生物則是用不同的傳信系統，有些是倚仗生成化學分子。這種種系統極有效率，十分適合資訊傳輸。然而，儘管廣受地球上眾多物種使用，我們對箇中機制仍所知有限！

要使植物智能對人類而言全然格格不入，只需要兩點：時間尺度比人慢，以及不像人一樣有獨特器官。試想，若植物的誕生與演化是在好幾光年之遠，情況會是如何？不過，正因為結構與基因與人相異，基本面卻又與人如此相近，植物才有可能成為智能研究中的重要對照，有助於人重新思索尋覓外星智能生物的手段與工具。

植物的睡眠

睡眠仍是科學一大未解之謎，雖說已有上千位哲學家與研究者探問過其本質。亞里斯多德是推敲此課題的先驅，「關於睡眠與清醒，我們必須考量兩者之為物。兩者為靈魂或身體所獨有，抑或是雙方共通之處？若為共通之處，又是與靈魂或身體哪一部分有關？再者，是何原因使兩者成為動物的特性？是否所有動物都兩者兼備？或者有些僅得前者，有些僅得後者？又或者，有些兩者俱無，有些兼而有之？」兩千年後，這一類提問有好些還未得解答。

睡眠的目的何在？睡夢的本質為何、如何作用？在亞里斯多德之前，希臘哲學家赫拉克利特（Heraclitus of Ephesus, c. 535-c. 475 BCE）便說道：「人在夜間為自己點亮光芒。」心理分析學闡明並證實了他的觀點，指出人的睡夢揭露了一部分潛意識。今日，我們知道睡眠會影響學習過程與記憶，進而對大腦最崇高的機能起作用。好幾世紀以來，學界相信只有人類和少數高等動物有睡眠之能。可近來昆蟲也躋身此精選團體。二〇〇〇年，科學家發現，就連很常見的黑腹果蠅也會入眠，激起了動物睡眠研究翻天覆地的變革。要是構造最簡單的動物都能入睡，人類就必須認定睡眠是生命的基本要素！

那植物呢？植物也有睡眠嗎？這問題看似無關宏旨，近年來卻日益引來科學家關注。特別是，如果植物天賦智能，得以思考，睡眠就可能與這些特質有關。

如第一章所提，林奈的論著《植物之眠》寫成於一七五五年，雖罕為人知，卻總結了他對植物葉片及枝椏夜間不同姿態的研究。林奈很想研究百脈根的花。居於法國蒙貝利埃的著名植物學家索瓦吉（François Boissier de Sauvages de Lacroix, 1706-1767）便寄贈樣本。這嬌貴的植物由地中海海岸運至寒冷的烏普薩拉，花了好幾個月來適應新的氣候條件。不過，在五月某一天早晨，溫室中的百脈根經持續照看終於開花。林奈觀察了清晨的首次花開，近傍晚又去看了一次。讓他很訝異的是，幾個小時前才讚賞過的嬌美黃花已不可得見。發生了什麼事？隔天早上再度察看，花又回歸原位，嬌嫩欲滴。他很快便解開了這神奇現象：林奈所看到的便是現代植物學家所稱的「感夜性」[37]，亦即許多植物由日入夜會改

圖5-5a-f　植物夜部在日間與夜間的樣態。由圖左上起：舞草（Desmodium gyrans）、克里特三葉草（Lotus creticus）、毛決明（Cassia pubescens）、尖葉黃槐（Cassia corymbosa）、樹煙草（Nicotiana glauca）、蘋（Marsilea quadrifoliata）。

變葉片與花朵的姿態。林奈注意到，近黃昏時，百脈根的葉片會舒展、提高，圍住每一群花朵。就算是目光最敏銳的人也看不見花朵何在。於此同時，花柄會微微下垂，而小梗會彎向地面。自此，林奈對所謂「植物睡眠」起了興趣，進而規畫了一座「花鐘」，人們光是細察園中植物的行為就能知曉當下時刻。

其實，最先有人觀察到植物的全天運動，是在離林奈的年代很久以前的古希臘。西元前四世紀，亞歷山大大帝（Alexander the Great）的抄寫員安卓辛斯（Androsthenes）留意到羅望子的葉片會於日間張開、夜間闔起。即便時空有別，植物學家的著作中，也可找到類似記敘。一二六〇年，亞伯特・馬格努斯（Albertus Magnus, c. 1193-1280）於其作《論蔬菜與植物》（*De vegetalibus et plantis*〔*On Vegetables and Plants*〕）描述了若干豆科植物羽狀葉的週期性每日運動。一六八六年，約翰・瑞（John Ray, 1627-1705）於《植物史》（*Historia Plantarum*〔*History of Plants*〕）一書最先提到日夜間的「植物動態」

---

37 nictinasty，源自希臘文 nux（「夜間」）及 nεstos（「緊實」）。

（phytodynamic）現象。

一七二九年，迪梅倫（Jean-Jacques d'Ortous de Mairan, 1678-1771）在研究過大約每隔二十四小時就會張開、關閉葉片的含羞草後得出結論：含羞草必然有某種「內部時鐘」來管控葉片張闔。由上可知，在林奈之前的不同年代，就有人注意到植物的睡眠。但他最先有系統地著手於此課題，該記上一功。不過，儘管林奈猜測造成植物運動的主因是光照而非溫度，卻並未對此加以說明。相反地，他僅限於分類所有流露此現象的植物，而將這些花花草草的夜間姿態稱作「植物之眠」。

與學者晚近的做法相反的是，林奈並不把植物「睡眠」當成比喻，而是視為完全可與動物睡眠類比。植物在夜裡會改變姿態，便是一例。這在橡樹、橄欖樹、月桂樹等革質葉植物上不容易看得出來，但在葉部較為細嫩的植物上卻清楚可見。植物和動物一樣，夜晚休息時的姿態隨物種而異。正如鴨子會把頭藏在翅膀下、牛會側躺休憩、刺蝟會捲成一球，菠菜也會把葉部朝莖的頂部伸直，而鳳仙花與豆類會使葉部朝下。林奈研究過的百脈根一類植物，會以葉部圍住花朵。

與百脈根有親緣的羽扇豆會將葉部轉而向下。至於酢漿草，則是把構成葉部的三片心形小葉沿中脈對摺，使其上下顛倒，懸於葉柄遠端。這多樣的夜間姿態遵循一普遍法則：其實，葉部入夜後往往會擺出與成長時相同的樣態。所以，有的植物會把葉部捲成圓筒狀，有的會摺成扇狀，還有的會沿中脈摺起。無論如何，一般來說，葉部夜間的姿勢會與生長初階時一致。

不過，植物與動物的相似處不只如此。比如說，植物也是年紀輕時容易入睡。年紀一大，醒著的時候加長，要睡著也多少變得困難起來。這方面，植物的行為完全可和動物（及人類！）相比擬。到了這地步，有些植物較不會進入睡眠狀態，葉部對於促使其呈現夜間姿態的觸媒也較沒反應。然而，葉部是為了何種目的要在白天張開、晚上闔閉呢？觸發植物入眠與醒轉的又是什麼？這些疑問尚待解答。但是，隨著學界不斷的努力，科學家在睡眠研究中便可對照植物，從而取得基因工具來探究睡眠這項重要生理機能的機制與失調。

結論

我們一想到植物，就會直覺想起兩項特質：不動、無感。這極為獨特的兩點可不是隨便說說而已。我們對植物界的評斷最主要便受其左右。但是，與人類數百年來的想法相反的是，「不動」與「無感」並非植物與生俱來的性質，而單純是歷久不衰的文化概念，起自亞里斯多德。在他想來，植物比動物「低一級」，並無「靈魂」，而「靈魂」又與「行動」直接相關，意味著「能動原則」。能否自主行動是區隔生物與非生物的標誌，於是，罕有行動的植物便位於生物與非生物的交界。

要到十九世紀末，大眾才漸漸不認為植物全然有別於動物。但直至今日，這種想法仍然盛行。不過，至少在科學面能清楚看到，植物與動物的差異涉及的是「量」而非「質」。動物會運用植物所生產的物質與能量。植物則是利用太陽能來滿足需求。是以，動物倚靠植物，植物倚靠太陽。

由這一點出發，我們可以更廣泛看待植物，並了解植物在生態圈中的角色：植物是太陽與動物界之間的中介。花草樹木，或者說，最為其特有的葉綠體，將整體生物圈活動與太陽系能量中心銜接起來。因此，對地球上的生命而言，植物有一項利及全體的功能。動物則無。

最新的研究指出，植物有感覺能力，能與彼此及動物交流，能入眠，能記憶，甚至能操縱其他物種。不管從哪一點來看，我們都可將植物形容為具備智能。植物的根形成了一道不斷行進的前線，設有眾多指揮中心。整個根系引導起全株植物，便有如由個體匯聚成的大腦，或者說展現分散式智能。隨著植物成長茁壯，根系也獲取攸關養分及存續的重要資訊。

植物生物學新近的進展，讓研究人員得以將植物視為經證實能取得、儲存、分享、處理，並利用環境資訊。而植物神經生物學的焦點便在於，這些出色生物是如何擷取與處置資訊，才能產生前後連貫的行為。

在研究了植物的傳訊與社交體系後，學者已經快要發展出此前難以想像的新型技術應用。人們談論受植物啟發所設計出來的機器人，也有好一陣子了。在仿效人類[38]與動物的機器人之後，這機器人的演化鏈上，注定很快就會迎來真真正

38 即所謂類人形機器人（android）。

正的植物機器人（plantoids）世代。另一項進行中的計畫則是架構奠基於植物的網絡。這種網絡能將植物用作生態「配電板」，讓人能在網路上即時取得由植物根葉時時監控的環境參數。我們稱此網絡為「綠色網路」（Greenternet）。再過不久，這植物網路也許就會融入於每個人的日常生活。我們在有毒雲系侵襲前就可先獲預警，也能取得空氣、土壤品質的資訊，還能在地震、雪崩即將發生前得知訊息。科學家目前也在規畫「植物電腦」（*phytocomputers*）。這類電腦採用的新型演算法便是仿照植物的能力及運算系統，是「跳脫傳統的電腦演算法」。

除了在機器人設計與資訊科學等方面給人靈感，植物界也許還能提供許多創新的辦法，來解決人類最常見的技術難題。「生物靈感」（bioinspiration）——或者說，藉生物界來刺激發想，以構思出新型技術運用——起源於好幾世紀之前。例如，達文西（Leonardo da Vinci）受鳥類飛翔啟示，研究起飛行機器。我們一直關注著最貼近人類的動物界，晚近才看出植物界埋有珍寶。有一天，我們或許能從中尋得人類許多最為嚴重疾病的解方、無汙染的新能源、人造物質的創新契機、化學與生物學的天地尚待開發的無限前景……

顯然，植物不只是地球上必不可少的生命要素，就人類及人類智能而言，也是一份大禮，但我們常常掉以輕心、棄如敝屣。據估計，人類僅認得地球現存植物物種的百分之五至百分之十，但最為寶貴的醫藥成果卻有百分之九十五衍生於此。每一年都有我們一無所悉的數千物種滅絕，而數不清的大自然贈禮也隨之而逝。或許，要是知道花草樹木能感知、溝通、記憶、學習、化解疑難，將有助於我們有朝一日將植物看成與人類相近，也就有機會更有效地加以保護與鑽研。

有鑑於近來科學研究所累積的證據，難怪瑞士聯邦議會於一九九八年設立的「聯邦非人類生物科技倫理委員會」（the Federal Ethics Committee on Non-Human Biotechnology）會在二〇〇八年底發表下列這份文件：〈植物的生命尊嚴：以植物為本的道德考量〉（*The Dignity of Living Beings with Regard to Plants: Moral Consideration of Plants for Their Own Sake*）。儘管要援引人類歷史上的重大概念來替植物發聲，好像牽強了點，我們仍可將「植物尊嚴」一語理解為認可植物權利不受人類利益左右的第一步。這意味著植物應受尊重，而人類應負起相應責任。如果我們把這些生命僅僅看成物品，看成被動而死板執行程式的機器；

如果我們把植物視為在滿足人類利益與需求外便無關緊要，那麼像「尊嚴」這樣的特質聽起來就會莫名其妙。然而，要是植物能有主動作為、能適應環境、能有實際的主觀感知，而且最重要的是，擁有全然無須仰賴人類的生活，那麼我們就有絕佳的理由贊成「尊嚴」這項概念也適用於植物。

印度現代科學的先驅賈格迪什・錢德拉・博斯（Jagadish Chandra Bose, 1858-1937）是印度現代史的傳奇人物，提倡植物與動物本質上並無差別。他在二十世紀初寫道，「……植物的生活和我們很像……植物會進食、會成長……得面對貧窮、哀傷、苦難。這份貧窮引誘植物去偷去搶，但植物也會互助、交友、為子女犧牲生命。」

就植物而論，很多議題仍有爭議，很多疑問尚待查明。但組成瑞士生物科技倫理委員會的道德哲學家、分子生物學家、博物學家、生態學家一致同意：人類不可恣意對待植物。不加區辨、隨意摧毀植物，在道德上是站不住腳的。

必須指出，承認植物有權利，不必然表示得縮減、限制對植物的應用。就如同認可動物的尊嚴不代表將動物自食物鏈移除，或者全面禁止動物實驗。

在好幾世紀間，動物也曾被當成無能思考的機器。到了最近幾十年，我們才開始保障動物權利、尊嚴，認為人應尊重動物，而動物也不再是「物品」。這等觀點變化使得幾乎所有最為先進的國家都立法保護、捍衛動物尊嚴。植物完全沒享受到同樣待遇。討論植物有何權利雖只是開端，卻不能再拖下去了。

註解

第一章

關於植物睡眠，較詳盡的討論見第五章。延伸閱讀見：

——Aristotle. "On Sleep," "On Dreams," and "On Divination in Sleep." In Vol. 1 of *The Complete Works of Aristotle*. Bollingen Series, revised Oxford translation, edited by Jonathan Barnes. Revised Oxford translation by J. I. Beare. Princeton, NJ: Princeton University Press, 1984.

——Linnaeus, C. *Somnus Plantarum*. Upsala, Sweden: 1755.

關於植物有如人類頭下腳上，概念沿革見：

——Repici, L. *Uomini Capovolti: Le Piante nel Pensiero dei Greci*. Bari: Editori Laterza, 2000.

多虧了達爾文父子的研究成果，「植物實質上動也不動」、「植物的運動是不由自主」等看法已全然為學界所棄。他們這本著作實在是植物神經生物學的里程碑，見：

——Darwin, C., and F. Darwin. *The Power of Movement in Plants*. London: John Murray, 1880. Reprint, Cambridge, UK: Cambridge University Press, 2009.

法蘭西斯・達爾文談植物智能的講稿可見《科學》期刊：

——Darwin, F. "The Address of the President of the British Association for the Advancement of Science." *Science* 18 (September 1908): 353–62.

第二章

艾倫・魏斯曼（Alan Weisman）探討過「人類突然消失」這項主題，寫得很引人入勝。書中想像了其他物種在人類滅絕後會有何舉動：

——Weisman, A. *The World Without Us*. New York: Thomas Dunne Books, 2007. www.worldwithoutus.com.

迄今，少有人全面討論過，植物在壓力、康復、注意力，以及其他多樣身心參數上對人有何益處。不過，可參考下列文章：

——Dunnet, N., and M. Qasim. "Perceived Benefits to Human Well-Being of Urban Gardens." *HortTechnology* 10 (2000): 40–45.

——Honeyman, M. K. "Vegetation and Stress: A Comparison Study of Varying Amounts of Vegetation in Countryside and Urban Scenes." In *The Role of Horticulture in Human Well-Being and Social Development: A National Symposium*, 143–45. Portland, OR: Timber Press, 1991.

——Tennessen, C. M., and B. Cimprich. "Views to Nature: Effects on Attention." *Journal of Environmental Psychology* 15 (1995): 77–85.

——Ulrich, R. S. "View through a Window May Influence Recovery from Surgery."

Science 224, no. 4647 (1984): 420–21.

——Mancuso, S., S. Rizzitelli, and E. Azzarello, "Influence of Green Vegetation on Children's Capacity of Attention: A Case Study in Florence, Italy." *Advances in Horticultural Science* 20 (2006): 220–23.

第三章

想對肉食性植物的天地有初步認識，見：

——D'Amato, P. *The Savage Garden*. Berkeley, CA: Ten Speed Press, 1998.

想一窺豬籠草的非凡天地，見：

——Clarke, C. *Nepenthes of Borneo*. Kota Kinabalu, Sabah, Malaysia: Natural History Publications, 1997.

——, *Nepenthes of Sumatra and Peninsular Malaysia*. Kota Kinabalu, Sabah, Malaysia: Natural History Publications, 2001.

達爾文《食蟲植物》非讀不可。本書原由約翰・莫瑞（John Murray）出版（倫敦，一八七五年），現有電子版，見：

——Darwin Online, edited by John van Wyhe, http://darwin-online.org.uk/.

最早發表的捕蠅草記載，見：

——Ellis, J. "Botanical Description of a New Sensitive Plant, Called *Dionoea muscipula*, or, Venus's Fly-trap, in a Letter to Sir Charles Linnaeus." In Directions for Bringing over Seeds and Plants from the East-Indies and Other Distant Countries, 35–41. London: L. Davis, 1770.

此書PDF版見：

——the Hunt Institute for Botanical Documentation at: http://huntbot.andrew.cmu.edu/HIBD/Departments/Library/Ellis.shtml.

關於「原始肉食性植物」，讀以下這篇會很有啟發：

——Chase, M., et al. "Murderous Plants: Victorian Gothic, Darwin and Modern Insights into Vegetable Carnivory." *Botanical Journal of the Linnean Society* 161 (2009): 329–56.

關於植物能發出聲響，見：

——Gagliano, M., S. Mancuso, and D. Robert. "Towards Understanding Plant Bioacoustics." *Trends in Plants Science* 17, no. 6 (2012): 323–25.

關於植物的群居行為，見：

——Ciszak, M., et al. "Swarming Behavior in the Plant Roots." *PLoS ONE* 7, no. 1 (2012). doi: 10.1371/ journal. pone.0029759.

科學家相當晚近才發現有肉食性植物能以特別的地下葉捕捉土壤中的動物。是以，資料還很少。第一篇討論此議題的文章是：

——Pereira, C. G., et al. "Underground Leaves of Philcoxia Trap and Digest Nematodes." *PNAS (Proceedings of the National Academy of Science of the United States of America)* (2012). www.pnas.org/content/early/2012/01/04/1114199109.abstract.

關於哈柏蘭特的「單眼」理論，見：

——Haberlandt, G. *Sinnesorgane im Pflanzenreich zur Perception mechanischer Reize*. Leipzig: Engelmann, 1901.

德文本已不受版權保護，可於此下載：

http://archive.org/details/sinnesorganeimp00habegoog.

第四章

關於氣孔的開闔，見：

——Peak, D., et al. "Evidence for Complex, Collective Dynamics and Emergent, Distributed Computation in Plants." *PNAS (Proceedings of the National Academy of Sciences of the United States of America)* 101, no. 4 (2004): 918–22.

關於植物間的交流，特別是根能辨識親緣，並有相應舉動，見：

——Dudley, S., and A. L. File. "Kin Recognition in an Annual Plant." *Biology Letters* 3 (2007): 435–38.

——Callaway, R. M., and B. E. Mahall. "Family Roots." *Nature* 448 (2007): 145–47.

想了解「樹冠的羞怯」以及對植物不帶偏見的現代觀點，見以下法蘭西斯．阿里的重要著作：

——Hallé, F. *Plaidoyer pour l'arbre*. Arles, France: Actes Sud, 2005.

關於粒線體源於共生，以及粒線體對高等生物演化的重要，見：

——Lane, N., and W. Martin. "The Energetics of Genome Complexity." *Nature* 467 (2010): 929–34.

——Thrash, Cameron J., et al. "Phylogenomic Evidence for a Common Ancestor of Mitochondria and the SAR11 Clade." *Scientific Reports* 1 (2011): 13. doi: 10.1038/srep00013.

關於植物向草食性昆蟲的天敵搬請救兵，見：

——Dicke, M., et al. "Jasmonic Acid and Herbivory Differentially Induce Carnivore-Attracting Plant Volatiles in Lima Bean Plants." *Journal of Chemical Ecology* 25 (1999): 1907–22.

關於能吸引蝙蝠來當傳粉媒介的圓葉，見：

——Simon, R., et al. "Floral Acoustics: Conspicuous Echoes of a Dish-Shaped Leaf Attract Bat Pollinators." *Science* 333, no. 6042 (2011): 631–33. doi: 10.1126/

science.1204210.

該文摘要：「許多晝間開放的花朵外觀奪目，能吸引蜜蜂、鳥類等受視覺引導的傳粉媒介。但是，依靠蝙蝠傳粉的花朵是否也演化出可堪類比的回聲訊號，吸引傳粉媒介循聲而來，則尚待觀察。本研究展示了，藤本植物夜蜜囊花花序上不尋常的碟形葉部如何引來蝙蝠傳媒。確切而論，此葉部之回聲足為有效指引，亦即，強度夠而多方向散射，且具備顯明不變的回聲特徵。在行為實驗中，有此葉部則使來訪花朵的蝙蝠少了一半的搜尋時間。」

玉米根蟲的歷史，以及玉米的現代美國變種如何喪失生成丁香烴的基因，見：

——Rasmann, S., et al. “Recruitment of Entomopathogenic Nematodes by Insect-Damaged Maize Roots.” *Nature* 434 (2005): 732–37.

——Schnee, C., et al. “A Maize Terpene Synthase Contributes to a Volatile Defense Signal That Attracts Natural Enemies of Maize Herbivores.” *PNAS (Proceedings of the National Academy of Sciences of the United States of America)* 103 (2006): 1129–34.

玉米原有的抵抗根蟲機制在篩選新變種的過程中喪失。關於需要怎樣的基因改造才能將之重新注入玉米新變種，見：

——Degenhardt, J., et al. "Restoring a Maize Root Signal That Attracts Insect-Killing Nematodes to Control a Major Pest." *PNAS (Proceedings of the National Academy of Sciences of the United States of America)* 106 (2009): 13213–18.

麥可・波蘭（Michael Pollan）不但指出植物能操控所有動物（甚至包括人類），也提供清楚佐證：

——Pollan, M. *The Botany of Desire: A Plant's-Eye View of the World*. New York: Random House, 2001.

關於魚媒傳種，見：

——Anderson, J. T., et al. "Extremely Long-Distance Seed Dispersal by an Overfished Amazonian Frugivore." *Proceedings of the Royal Society* B 278 (2011): 3329–35.

關於肉食植物豬籠草和巨山蟻的往來，見：

——Thornham, D. G., et al. "Setting the Trap: Cleaning Behaviour of *Camponotus schmitzi* Ants Increases Long-Term Capture Efficiency of Their Pitcher Plant Host, *Nepenthes bicalcarata*." *Functional Ecology* 26 (2012): 11–19.

豬籠草也和婆羅洲的老鼠有緊密友誼。後者在取食蜜汁的同時會在陷阱囊中排便，為豬籠草「加菜」（氮化合物），大幅提升營養：

——Greenwood, M., et al. "Unique Resource Mutualism between the Giant Bornean Pitcher Plant, *Nepenthes rajah*, and Members of a Small Mammal Community." *PLoS ONE 6*, no. 6 (2011). doi: 10.1371/journal.pone.0021114.

第五章

關於植物的睡眠，以及先前引過的亞里斯多德〈論睡眠〉、〈論夢〉、〈論眠中預知〉，見：

——D'Ortous de Mairan, J. J. *Observation Botanique*. Paris: Histoire de l'Académie Royale des Sciences, 1729.

——Ray, J. *Historia Plantarum: Species hactenus editas aliasque insuper multas noviter inventas & descriptas complectens*. London: Mariae Clark, 1686–1704.

想進一步探索黑腹果蠅的睡眠，見：

——Shaw, P. J., et al. "Correlates of Sleep and Waking in *Drosophila melanogaster*." *Science* 287, no. 5459 (2000): 1834–37. www.sciencemag.org/content/287/5459/1834.abstract. doi: 10.1126/science.287.5459.1834.

想探索黴菌能怎麼打造有效率的網絡，下面這篇很有用：

——Tero, A., et al. "Rules for Biologically Inspired Adaptive Network Design." *Science* 327, no. 5964 (2010): 439–42. doi: 10.1126/science.1177894)

摘要：「在社會與生物的體系中，運輸網絡無處不在。想讓網絡有健全表現，須經複雜取捨，權衡支出、運輸效益、容錯度。生物網絡受到周而復始的天擇壓力磨礪，很可能提供合理解方，來處理這類組合最佳化問題。再者，對於一般成長中的網絡而言，生物網絡的發展未有中央管控，也許代表著疑難的解決之道，而且很容易就能擴展來應付更大規模的問題。本研究指出，微細的多頭絨泡黏菌所打造的網絡，無論在效率、容錯度、支出上，都可與現實世界的基礎網絡（此處指東京鐵路系統）相比擬。受生物啟發而成的數學模型，可以捕捉形成具調適力的網絡所需的核心機制，也許有助於引領其他領域的網絡建構。」

關於阿米巴原蟲破解迷宮的能力，下引論文特別值得參考：

——Nakagaki, T., H. Yamada, and Á. Tóth. “Maze-Solving by an Amoeboid Organism.” *Nature* 407 (2000): 470. doi: 10.1038/35035159.

關於將「智能」一詞套用到植物上，見：

——Trewavas, A. “Aspects of Plant Intelligence.” *Annals of Botany* 92, no. 1 (2003): 1–20.

此摘要可做導論讀：「人們談到植物時，一般不會用上『智能』一詞。不過，我相信，之所以略而不提，不是真的評估過植物計算周圍環境複雜面向的能力，而只是依據植物的固著性生存形態。這篇誠然是要引起爭議的論文，試圖指出環繞此範疇的許多議題。當我們開始用『智能』一語指稱植物的行為，才有可能更加理解植物的訊號轉導（transduction）有多複雜，以及植物是用怎樣的辨析與感覺能力來建構所處環境的圖像。再者，我們才能就植物如何計算整體回應一事，提出關鍵問題。本文也會探討植物的學習與記憶。」

同一作者在另一篇論文建議將植物視為「智能生物的原型」：

——Trewavas, A. “Plant Intelligence.” *Naturwissenschaften*= 92 (2005): 401–13. doi: 10.1007/s00114-005-0014-9.

摘要如下：「智能行為是複雜的調適現象。生物演化出智能行為，是為了應付多變的環境情況。想讓自身達到最適狀態，就得具備在充滿競爭的情境裡搜尋必要資源（食物）的技巧。也許，在此調適行動裡最容易看出智能行為。生物學家指出，智能包含如下特質：詳盡的感知、資訊處理、學習、記憶、抉擇、以最小支出接收最多資源、自我認知、以預測模型來預見未來。這些特質全關乎在重複及新穎的情況解決麻煩的能力。文中所檢視的證據提到，個別植物物種展現了上述所有智能行為的能力。不過，其能力展現是透過表現型可塑性（phenotypic plasticity）而非運動（movement）。再者，學者正是在檢視激烈的資源搜尋時，探查到大多數上述智能特質。因此，人類應該將植物視為原型智能生物。此概念對探究植株整體的溝通、運算、訊號轉導有重大影響。」

關於植物智能這主題，另可見：

——Calvo Garzón, P., and F. Keijzer. “Plants: Adaptive Behavior, Root-Brains, and Minimal Cognition.” *Adaptive Behavior* 19 (2011): 155. doi: 10.1177/1059712311409446.

這篇文章討論「根腦」及位於根部的「指揮中心」，並且認可植物有一定程度的認知能力。作者寫道：「在『動物及人類調適行為』的領域裡，植物智能大受忽視。在此脈絡下，我們將帶入目前將植物智能當成新的一組相關現象的研究中，值得注意的成果，並且探討此成果與更廣泛的調適行為研究有何潛在關聯。更確切地說，我們首先簡單概述植物的調適行為，以求稍微具體呈現植物是有行為能力的生物。接著，我們聚焦於『植物的神經生物學』，並且簡介達爾文如下概念怎樣重新浮上檯面：植物具有分散於根尖的行為管控中心（根腦）。再接著，我們會探討最低形式的認知，並且把能動性以及具備專用的感覺動作組織視為關鍵特點，用以指定最低程度認知的範疇。結論是，植物具備最低程度的認知。到了尾聲，我們會討論，對調適行為研究和更廣泛的具體化認知科學而言，植物智能會帶來的某些可能後果與挑戰。」

一八八二年四月十日，達爾文寫下了現知的最後一封信。整封信談的都是植物，彷彿是要替自己熱愛植物學的一生作結。收信者詹姆斯·E·托德（James E.

Todd）當時是愛荷華泰博學院的自然科學教授。信很短，我們全文照錄，並且盡量維持達爾文手寫信件的原汁原味。信中縮寫[39]照留。斜體及粗體字表示原信中加以底線。

敬啟者：

與閣下素無交誼，不情之請，尚祈見諒。閣下論文刊於《美國博物學者》，暢談**壺蕚刺茄**花朵構造，趣味橫生，讀來大感興致。如蒙惠寄種子一小盒，俾享賞花實驗樂趣，將不勝感激。該植物開謝，是否一年為期，亦請惠告，以推知播種時日。若閣下欲加實驗，自然無須相贈。妨礙閣下研究，絕非所願。又，**束狀決明**部亦甚引念想。

多年前，嘗行若干實驗，與閣下所做**微乎其微**相似。今年則著手他項。曾與佛瑞茲・穆勒博士（Dr. Fritz Müller）（巴西聖卡塔琳娜州布盧梅瑙）述及現下研究，蒙其見告：信有植物生花蘗二組，顏色各殊，而蜂**唯自其一採蜜**。是以，閣下論作若餘複本，不妨寄去，其必深感興味。印象所及——唯記憶常生差池——穆勒嘗為文論此課題，刊於《寰宇》。

唐突之處，還請海涵。

查爾斯·達爾文（Ch. Darwin）

敬上

又及，倘翻看拙著《蘭科植物受精》，**火紅飛燕蘭**（*Mormodes ignea*）項下可見，某花側向並不對稱，以及我所稱「慣用左手」或「慣用右手」之花。

---

39 譯按：譯文僅保留簽名縮寫。

想知道單一根系是何等複雜，見：

——Dittmer, H. J. "Quantitative Study of the Roots and Root Hairs of a Winter Rye Plant (*Secale cereale*)." American Journal of Botany 24, no. 7 (1937): 417–20.

關於根尖的深入論述，請參見這篇最近的論文：

——Baluska, F., S. Mancuso, D. Volkmann, and P. W. Barlow. "Root Apex Transition Zone: A Signalling-Response Nexus in the Root." *Trends in Plant Science* 15, no. 7 (2010): 402–8.

此論文述及新近一篇對根部電活動的研究：

——Masi, E., et al. "Spatiotemporal Dynamics of the Electrical Network Activity in the Root Apex." *PNAS (Proceedings of the National Academy of the United States of America)* 106, no. 10 (2009): 4048–53.

論述衍生行為的書數以百計，而且很多都很重要。想探索此迷人課題，不妨參考：

——Johnson, S. *Emergence: The Connected Lives of Ants, Brains, Cities, and Software*. New York: Scribner, 2001.

——Wolfram, S. *A New Kind of Science*. Champaign, IL: Wolfram Media, 2002.

——Morowitz, H. J. *The Emergence of Everything: How the World Became Complex*. Oxford: Oxford University Press, 2002.

關於群居行為及根系的衍生特質，見：

——Ciszak, M., et al. "Swarming Behavior in the Plant Roots." *PLoS ONE* 7, no. 1 (2012). doi: 10.1371/ journal. pone.0029759.

——Baluska, F., S. Lev-Yadun, and S. Mancuso. "Swarm Intelligence in Plant Roots." *Trends in Ecology and Evolution* 25 (2010): 682–83.

國家圖書館出版品預行編目資料

植物比你想的更聰明：植物智能的探索之旅／司特凡諾・曼庫索（Stefano Mancuso），阿歷珊德拉・維歐拉（Alessandra Viola）著；謝孟宗譯. --二版. --臺北市：商周出版，城邦文化事業股份有限公司出版；英屬蓋曼群島商家庭傳媒股份有限公司城邦分公司發行, 2024.03　面；　公分.（科學新視野；125）
譯自：Verde brillante. Sensibilità e intelligenza del mondo vegetale
ISBN　978-626-390-046-2（平裝）
1. 植物生理學 2. 通俗作品
373　　113001815

植物比你想的更聰明：植物智能的探索之旅

原文書名／Verde brillante. Sensibilità e intelligenza del mondo vegetale
作　　者／司特凡諾・曼庫索（Stefano Mancuso），阿歷珊德拉・維歐拉（Alessandra Viola）
譯　　者／謝孟宗
企畫選書人／夏君佩
責任編輯／陳思帆、楊如玉

版　　權／林易萱
行銷業務／周丹蘋、賴正祐
總 編 輯／楊如玉
總 經 理／彭之琬
事業群總經理／黃淑貞
發 行 人／何飛鵬
法律顧問／元禾法律事務所　王子文律師
出　　版／商周出版　城邦文化事業股份有限公司
台北市南港區昆陽街16號4樓
電話：(02) 25007008　傳真：(02)25007579
E-mail:bwp.service@cite.com.tw
發　　行／英屬蓋曼群島商家庭傳媒股份有限公司 城邦分公司
台北市南港區昆陽街16號5樓
書虫客服服務專線：02-25007718；25007719
服務時間：週一至週五上午09:30-12:00；下午13:30-17:00
24小時傳真專線：02-25001990；25001991
劃撥帳號：19863813；戶名：書虫股份有限公司
讀者服務信箱：service@readingclub.com.tw
城邦讀書花園：www.cite.com.tw
香港發行所／城邦（香港）出版集團有限公司
香港九龍土瓜灣土瓜灣道86號順聯工業大廈6樓A室
電話：(852) 25086231　傳真：(852) 25789337
E-mail：hkcite@biznetvigator.com
馬新發行所／城邦（馬新）出版集團 Cité (M) Sdn. Bhd.
41, Jalan Radin Anum, Badar Baru Sri Petaling,
57000 Kuala Lumpur, Malaysia.
電話：(603) 90578822　傳真：(603) 90576622
E-mail：Cite@cite.com.my

封面設計／周家瑤
排　　版／游淑萍
印　　刷／高典印刷有限公司
經 銷 商／聯合發行股份有限公司
公司：新北市231新店區寶橋路235巷6弄6號2樓
電話：(02)2917-8022　傳真：(02)2911-0053

城邦讀書花園
www.cite.com.tw

■2024年3月二版

定價／330元　　Printed in Taiwan

商周出版

廣	告	回	函
北區郵政管理登記證			
台北廣字第000791號			
郵資已付，免貼郵票			

115台北市南港區昆陽街16號5樓

英屬蓋曼群島商家庭傳媒股份有限公司　城邦分公司

請沿虛線對摺，謝謝！

商周出版

書號：BU0125X　**書名**：植物比你想的更聰明　**編碼**：

請於此處用膠水黏貼

商周出版

讀者回函卡

感謝您購買我們出版的書籍！請費心填寫此回函卡，我們將不定期寄上城邦集團最新的出版訊息。

線上版讀者回函卡

姓名：________________ 性別：☐男 ☐女

生日：西元________年________月________日

地址：________________

聯絡電話：________________ 傳真：________________

E-mail ：

學歷：☐ 1. 小學 ☐ 2. 國中 ☐ 3. 高中 ☐ 4. 大學 ☐ 5. 研究所以上

職業：☐ 1. 學生 ☐ 2. 軍公教 ☐ 3. 服務 ☐ 4. 金融 ☐ 5. 製造 ☐ 6. 資訊

☐ 7. 傳播 ☐ 8. 自由業 ☐ 9. 農漁牧 ☐ 10. 家管 ☐ 11. 退休

☐ 12. 其他________________

您從何種方式得知本書消息？

☐ 1. 書店 ☐ 2. 網路 ☐ 3. 報紙 ☐ 4. 雜誌 ☐ 5. 廣播 ☐ 6. 電視

☐ 7. 親友推薦 ☐ 8. 其他________________

您通常以何種方式購書？

☐ 1. 書店 ☐ 2. 網路 ☐ 3. 傳真訂購 ☐ 4. 郵局劃撥 ☐ 5. 其他______

您喜歡閱讀那些類別的書籍？

☐ 1. 財經商業 ☐ 2. 自然科學 ☐ 3. 歷史 ☐ 4. 法律 ☐ 5. 文學

☐ 6. 休閒旅遊 ☐ 7. 小說 ☐ 8. 人物傳記 ☐ 9. 生活、勵志 ☐ 10. 其他

對我們的建議：________________

____

____

請於此處用膠水黏貼